新青年

青春如晨曦微光

刘强 / 著

春风文艺出版社
·沈阳·

图书在版编目（CIP）数据

青春如晨曦微光/刘强著. --沈阳：春风文艺出版社，2025.1.--（新青年）.--ISBN 978-7-5313-6696-6

Ⅰ.B848.4-49

中国国家版本馆CIP数据核字第2024HE3247号

春风文艺出版社出版发行
沈阳市和平区十一纬路25号　邮编：110003
辽宁新华印务有限公司印刷

责任编辑：韩　喆	责任校对：张华伟
封面设计：鼎籍文化　王天娇	幅面尺寸：145mm×210mm
字　　数：137千字	印　　张：6.5
版　　次：2025年1月第1版	印　　次：2025年1月第1次
书　　号：ISBN 978-7-5313-6696-6	
定　　价：45.00元	

版权专有　侵权必究　举报电话：024-23284292
如有质量问题，请拨打电话：024-23284384

目 录

跳动的时代音符

一根网线，联通世界	/ 003
让"中国芯"拥有更强劲的"中国心"	/ 006
实现理想的日子里	/ 009
2030年前能登上月球吗？	/ 012
花之力的绽放	/ 015
让人闪闪发光的交流	/ 018
从乒乓球拍的争论说起	/ 021
过一个幸福的儿童节	/ 023
真正的答案不在外界	/ 025
《我的阿勒泰》中的三种范儿	/ 028
子柒归来，宁静致远	/ 031
《新华字典》再打卡	/ 034
中国的筷子	/ 037

不能忘，不敢忘，不会忘	/ 040
主次矛盾拎得清	/ 042
如果只盯着遗憾，到哪里都无法拥抱森林	/ 045
做懂法明白人	/ 047
不要陷入政治冷漠	/ 049
把真本事学到手	/ 052

追梦少年心

唱响心中的童谣	/ 057
唯有青春风采依然	/ 060
整个宇宙都会联合起来帮助你	/ 063
努力过 不后悔	/ 066
废品堆上的读书生涯	/ 068
迎着风雪去求学	/ 071
唯有勤奋可以抵达圆满	/ 074
去问开化的大地，去问解冻的河流	/ 077
保持自己的节奏	/ 079
更壮美的诗与远方	/ 082
从璞玉到美玉的雕琢	/ 085
深刻且纯粹的勇敢	/ 088
催动内力的觉醒	/ 091

跑起来就会有风	/ 093
捕捉美好的力量	/ 096
读书之美何处寻	/ 099

星光璀璨路

为了梦想，你可以坚持多久	/ 105
少年的你，永志不忘	/ 108
上天下海的那些人	/ 110
学习英雄，成为英雄	/ 113
在运动中遇见更好的自己	/ 116
亚运会的眼泪	/ 119
做那些真正酷的事情	/ 122
一起画个圆吧	/ 125
那些"火出圈"的高校	/ 128
人性的光辉	/ 131
减少埋怨，琢磨不断	/ 134
《诗经》何以惊艳三千年	/ 137
做个心地光明的人	/ 139
流行语的打开方式	/ 142

脚踏实地感受生活

把138亿年的宇宙历史压缩到一年	/ 147
珍惜你的名字	/ 150
下一个十年	/ 153
天上太阳正好，人间春色正浓	/ 156
为什么没人住的房子先坏掉	/ 159
悟空的四字绝招	/ 161
怎样表达才能"硬控"全场	/ 164
留心处处皆学问	/ 167
遇事要先找捷径吗	/ 170
事情都是干出来的	/ 172
重心在己，立足就稳	/ 175
真希望可以坚持下去	/ 178
你已在最优路线上	/ 181
对婚姻负责	/ 184
礼让是一种教养	/ 187
多看看父亲母亲的生活	/ 190
健康是1，其他是后面的0	/ 192
世界再大，也大不过妈妈的爱	/ 195
重阳节温馨提示，请查收	/ 198

跳动的时代音符

一根网线,联通世界

"穿越古老的长城,我们便能抵达世界的每一个角落。"

1987年9月14日,借助德国专家的技术支持,中国人成功发送了第一封电子邮件,尽管经历了长达一周的时间,直到9月20日的晚上8点55分,这封电子邮件才终于到达了地球另一端的德国卡尔斯鲁厄市。

这一事件,标志着中国互联网发展的序幕正式拉开。

"中国的朋友们一直在努力学习德国的工业4.0技术,现在是时候让德国人也向中国学习一些东西了。"

2017年,一位在上海居住了十多年的德国青年阿福,以德国公民的身份,向时任德国总理默克尔发出了一封公开信。

在这封信中,他表达了希望德国能够采纳移动支付技术的愿望,以便让德国的公民们也能享受到更加便捷的生活方式。

六十年的光阴流转,中国互联网产业的发展速度令人瞩目,实现了飞跃式的进步。

共建"一带一路"国家的年轻一代通过投票，选出了他们心目中的"中国新四大发明"，除了高速铁路，网上购物、移动支付、共享单车三项都与互联网紧密相连，成为新时代的中国标志。

"星辰大海"从来不是孤独的旅程，中国互联网的发展速度之快，超出了所有人的预期，它已经全面而深入地融入人们的生产和生活之中。

互联网极大地提升了人们认识世界、改造世界的能力。在这个互联网的世界里，每个人都可以贡献出新的力量。

这份力量，让生活焕然一新，让产业得以腾飞，让公益事业触及更广阔的空间。

河南遭遇暴雨灾害时，网友们通过接力更新在线救助文档，展现出互联网的互助精神。

贵州的一个小村庄，通过直播助农，推动了乡村振兴战略的实施。

盲人按摩师，通过网络分享了她聆听一本旅行书籍的心得体会。她表达了自己未来的愿望，希望有一天能够前往海南，在海边的客栈中度过伴随浪声进入梦乡的夜晚。

一位老奶奶在直播连线中，分享了自己的梦想：她拥有一辆三轮车，收割完麦子后，就向南方出发。

相信通过网络的力量，他们的愿望很快就能实现。

互联网的发展带来了无远弗届的影响，帮助更多的人拥抱这个广阔的世界。

互联网不仅改变了我们的生活方式,更赋予了我们责任和使命。让我们一起用网络创造出更加美好而传奇的未来。

让"中国芯"拥有更强劲的"中国心"

"我要成为一名工程师,制造出世界最先进的芯片。"在最新修订的七年级道德与法治教材中,第一单元"少年有梦"中的一位中学生表达了他对未来的憧憬。

芯片虽然体积微小,其功能却是巨大的。通常我们所说的芯片,其实是指集成电路(integrated circuit,简称IC),是一种包含复杂电路的半导体元件。

在不深入探讨技术细节的前提下,半导体、集成电路和芯片这三个术语在很多场合下可以相互替换使用。

芯片被誉为电子产品的心脏,它的重要性不言而喻,甚至被一些人称为国家的"工业粮食"。

在我们日常生活中,无论是上网用的路由器,家用电器如冰箱、洗衣机、空调、电视,还是交通信号灯系统,个人身份识别的身份证、银行卡,以及各种便携式设备如电子手表、智能手机、电脑等,这些设备能够正常运行的核心动力,都依赖于一些尺寸仅为指甲盖大小的芯片。

那么，为什么这么小的芯片能够拥有如此巨大的能量呢？为什么人们会称它为"国之重器"？它究竟涉及多少高精尖的科技领域呢？

我们可以用一个比喻来理解芯片的制作过程。想象一下，在一个指甲盖大小的表面上建造一座城市。

在显微镜下观察，芯片上的结构就像是一条条错综复杂的街道，上面布满了数公里长的导线和数千万甚至上亿个微小的"建筑物"，这些"建筑物"被称为晶体管。

一个指甲盖大小的集成电路，能够容纳数百万到数百亿个晶体管！听起来似乎难以置信，但这就是芯片内部结构的复杂程度。

芯片的制作需要使用半导体材料来制造晶体管，然后将这些具有不同功能的晶体管组合成具有各种功能的电路。

这些电路能够执行各种复杂的指令，从而实现集成电路的功能。为了让芯片发挥其应有的功能，需要经过无数道精密的工序，将众多纳米级别的元件精确地放置在适当的位置，其难度就好比在一根头发丝上书写数百万字，而且不能有任何错误。

那么，芯片的价值究竟有多大呢？我们可以用一个简单的等式来说明。

如果一个芯片的价值是1元钱，那么，搭载这个芯片的电子产品可能售价为10元钱，而这个电子产品最终能够带动的经济效益可能达到100元甚至1000元。这就是芯片的经济动力。

在当今世界,小小的芯片显示出的是最核心的生产力,是新时代生产力的象征。正如钢铁在工业时代的重要性一样,信息时代的核心就是芯片。

科技是通往未来的钥匙。

近年来,中国在科技领域不断取得突破,推出的许多引领世界潮流的科技产品,都是"中国制造"。

而当目光转向芯片领域时,中国在芯片研发的道路上还有很长的路要走。

我们既不能盲目乐观,也不能过分悲观。

深切希望同学们,不仅要做有"芯"的人,更要成为有"心"——中国心的人。

实现理想的日子里

2017年,我参加了首届全国大学生讲思政课大赛,决赛在南开大学举行,那是我第一次走出东北,第一次坐飞机。

到了天津,我特别激动,给爸妈打电话说:"将来我也要带你们坐飞机。"

那场比赛,我获得了一等奖、最具深度奖和最受学生欢迎奖。我的老师对我说,不仅要自强,还应该带动更多人强起来。

党的十九大让我备受鼓舞,作为学生党员,我组建了自学自讲思政课的交流平台——青年学习社,在吉林省大中小学宣讲《强国一代有我在》讲座百余场,致力于带动更多青年学习新思想,践行社会主义核心价值观。

2018年,我入选省教育厅高校思政课巡讲团,为省内高校三千多名学生讲授对"共产主义"的理解,继续坚持在省内大中小学巡讲思政课,先后去了靖宇、农安、双辽等十多个地方。

那年年末,我入选了"理想与成才报告团",爸妈也第一次走出了那个村子，来到我奋斗了四年的大学。天下着大雪，我在火车站接到爸妈，他们背着一个黄色的塑料袋，里面装满给我带的东西。

我领着爸妈体验了地铁，从他们的眼神中，我能看出一种对这座城市里一切充满好奇的兴奋。安排他们入住后，我又给妈妈买了一部智能手机，教她拍照。

颁奖典礼的现场，我妈坐在观众席一个劲地拍照，我爸受邀上台，我给他戴上红围巾，第一次拥抱了他，我们父子俩都哭了。

2019年，我有幸被评为"第十四届全国大学生年度人物"，被中宣部、教育部授予"最美大学生"荣誉称号。学校领导和老师带我去了北京，到中央电视台参加了颁奖典礼。

到达首都的那一刻，我心里对祖国的自豪感达到了巅峰。这里，就是我们国家的首都，就是从小听村子里的人常提起在电视常看到的地方。

我把手掌贴在地面上，去感受这块土地的气息。录制完最美大学生颁奖典礼，央视科教频道的导演提出，想到我的家、我的小学去拍摄我的成长短片。

于是，我把很多人都请到了家里，我面朝黄土背朝天的老乡们很少有上电视的机会，我想把镜头多给他们。

一方水土滋养了我，滋养了我的母校，当时在操场上搭建起露天的操场，师生代表一起收看颁奖典礼；母校还让我担任校运动会的火炬手，让我在毕业典礼上作为代表发言；母校资助中心的老师看见我在正式场合穿的衣服不合身,竟按照我的尺寸做了一套正装送给我。

后来,母校为我举办了一次座谈会,并将我的父亲和姥爷邀请到学校。会上,我的姥爷说了一句特别朴实的话:"感谢学校的培养,感谢党带来的好日子。"

我感同身受,老人家的话,到底是直抵人心。如今的我,仍走在实现理想的路上,我希望自己能够带动起更多人,在实现理想的日子里一起努力,实现心愿、达成目标。

2030年前能登上月球吗?

2024年的6月2日,一个令人振奋的消息传遍了全球,嫦娥六号探测器在月球背面的南极-艾特肯盆地成功着陆。

这一壮举不仅在国内引起了巨大的反响,也吸引了国际社会的广泛关注。

欧洲航天局局长约瑟夫·阿施巴赫对此表示了高度的赞扬,他称这是人类航天史上的一次了不起的成就,并且表达了欧空局对于能够参与其中的自豪之情。

对此人们不禁好奇,嫦娥六号是否也携带了欧空局的设备一同前往月球呢?

实际上,嫦娥六号确实搭载了来自欧洲空间局、法国、意大利、巴基斯坦的国际载荷,共同参与了这次科学探测任务。

自5月3日发射升空,嫦娥六号经过了大约三十天的长途跋涉,最终在6月2日成功着陆于月球背面的预选着陆区。

在月球上,嫦娥六号不仅采集了珍贵的月壤样品和月表岩石,还执行了一系列的科学探测任务。

这一行动标志着中国在外太空探索领域迈出了历史性的一步,同时也为人类和平利用外太空的进展树立了新的里程碑。人们满怀期待地盼望嫦娥六号探测器能够带着月球上的宝贵资料平安返回地球。

随着嫦娥六号成功着陆的消息发出,世界的目光再次聚焦于月球探测。美国、俄罗斯、欧洲等国家和国际组织的航天机构已经相继发布了新一轮的探月计划。

这些计划包括建设月球通信大行星座,利用低轨探测器、跳跃探测器等手段来寻找月球上水冰资源等。

与以往的常规探月任务相比,中国的探月新任务有哪些独特之处呢?

早在2022年11月24日,国家航天局就公布了我国探月工程四期的后续规划。嫦娥六号、七号、八号各有明确的任务分工。

嫦娥六号计划在2025年前后执行任务,目标是在月球背面进行采样并返回地球。嫦娥七号计划在2026年前后发射,旨在对月球南极的环境和资源进行探察,并为未来的国际月球科研站建设奠定基础。而嫦娥八号计划在2028年前后发射,届时嫦娥八号和七号将共同组成我国月球南极科研站的基本型。

马克思主义物质观科学地指出:人类能够主动地认识世界,意识活动具有目的性、自觉选择性和能动创造性。

人类不仅能够主动地反映客观世界，而且能够通过实践将观念转化为现实，创造出符合人类目的的客观事物。

中国人正是通过一步步从认知到实践，将嫦娥奔月的浪漫神话变成了现实。

中国探月工程的总设计师吴伟仁在嫦娥四号成功登月的那天，就满怀信心地表示：在2030年之前，中国人的脚印肯定会踏在月球上。

花之力的绽放

大哲学家黑格尔曾说:"人应该尊敬他自己,并自视配得上高尚的东西。"

最近,大众的视野中出现了这样三位来自不同年代、不同领域的女性奋斗者,透过她们那些热烈、坚忍的绽放瞬间,我们能感受到女性带给这个世界的能量和美好:她们的每一面,都很美!

首先是北大校园周边的鹅腿阿姨陈秀凤,她的一堂关于劳动的公开课让我印象深刻。尽管她自言"没有多少文化",但她烤制的鹅腿深受有文化的北大师生喜爱。

陈秀凤的演讲质朴而接地气,她的故事展现了普通劳动者的丰富人生:从家乡来到北京的二十多年奋斗历程;日复一日的鹅腿制作事业;勤劳踏实、持之以恒的工作态度。

陈秀凤这样的普通劳动者不计其数,虽然他们的工作看似平凡,却展现了真诚与坚守的力量。她的故事告诉我们,伟大往往源自平凡,她的演讲不仅是关于劳动者的温暖故事,也是讲给青年学子们的人生必修课。

第二位出现的,是在希望工程宣传中的标志性人物苏明娟,她因一幅名为《我要读书》的摄影作品而广为人知。

照片中,她那蓬乱的头发、怯生生的表情和清亮纯真的大眼睛,流露出对知识的强烈渴望。

自1991年该照片问世以来,希望工程受到了广泛关注,帮助到越来越多的青少年学子。2002年9月,苏明娟考入安徽大学职业技术学院金融专业,2005年毕业后,她加入了中国工商银行安徽省分行。

2006年,苏明娟与照片拍摄者解海龙共同拍卖了《我要读书》的照片版权,所得三十多万元资金用于援建西藏拉萨市曲水县的一所希望小学。

2018年,她拿出三万元积蓄作为启动资金,成立了"苏明娟助学基金",该基金共筹集近五百万元,资助建设了五所希望小学。

2022年,苏明娟当选为党的二十大代表,再次成为公众关注的焦点。从三十多年前的逆境中走来,苏明娟如今实现了自我超越。这三十多年间,她接过希望的"接力棒",努力传递着善意,"让爱与希望生生不息"。

第三位出现的是"龙芯之母"黄令仪。黄老以八旬高龄带领团队研制出"龙芯3号",打破了西方的技术封锁。

她的成果不仅使歼-20战斗机、北斗卫星搭载了中国芯,还让复兴号高铁实现了完全国产化，每年为国家节省了两万亿元的芯片费用支出。

回顾黄令仪这位"中国龙芯之母"的一生，她在那样深重的苦难中仍奋发图强，用知识报国的赤子之心，赢得了无数人的敬仰。

这位耄耋老人以她瘦弱的身躯挺起了民族的脊梁，用一颗纯粹的中国心打造出了最硬核的"中国芯"，确保祖国科技发展不再受制于人。

黄令仪的故事并未止步于此。她所带领的团队不仅在技术上取得了突破，更在精神层面上激励了一代又一代的科研工作者。

她的事迹如同一盏明灯，照亮了无数青年学子的求学之路。

她们是母亲，是女儿，是妻子……她们扮演着多种身份，她们顶起半边天，而她们，更是她们自己。温柔美丽的，快乐洒脱的，笑靥如花的，光芒万丈的，身先士卒的，乘风破浪的，更好的自己。

她们的绽放，不是因为春的到来，而是因为自己就一直拥有的，不被定义的"花之力"。

让人闪闪发光的交流

在人际交流中,提出恰当的问题,并能激发对方给出精彩的回答,无疑会给人留下魅力十足的印象。相反,如果问题缺乏深度,对方的回答可能就会显得敷衍,让人觉得提问者水平欠佳。

最近,央视《面对面》节目中董倩对全红婵和陈芋汐的访谈,让我对交流技巧有了新的思考。

董倩的访谈之所以引人入胜,是因为她提出的问题充满了智慧,能够触及受访者内心的真实感受。

此前的采访中,有人问全红婵:"大家都关心你飞得高不高,但你累吗?"全红婵无奈而真诚地回应:"这问题问得,谁不累呢?"

这样的问题之所以遭到反驳,关键点不在于回答者,而在于提问者的问题脱离了真实生活和具体实践。换言之,"飞得高不高""累不累"这类表述本身空洞,缺乏实际意义和价值。

董倩的问题则弥补了这一不足。她从受访者的实际生活出发,关注看似微不足道的细节,提出了一个充满关怀的问题:"你每天训练多长时间？有没有累到早上不想起床的时候？"这个问题虽然简单，但并不需要故作深奥，而且能有效引导全红婵表达自己的想法。

全红婵立刻点头回应："每天七八个小时，有时候闹钟响了，就是觉得特别累，不想起来。"那一刻，她显然有很多话想说。

所有努力追求梦想的人都能理解这种感受，因为每个人都必然经历类似早起的不同寻常的挑战。

董倩的问题之所以好，是因为她没有将全红婵视为一台准时运转的机器。她是一个孩子，一个真实的人。在这个年纪，她能在世界舞台上闪耀，一定是因为她在体育训练中坚持了长期主义，克服了懒惰和懈怠等阻碍梦想实现的因素。而比这些抽象道理更具体的是：她也有早上不想起床的时候。

全红婵和陈芋汐关注的是是否达到了预期目标。冠军是比赛的顶峰，但不是追求的终点。她们的回答充分展现了运动员不骄不躁、珍惜当下、脚踏实地的自我意识。

她们真正的对手是自己，竞技体育就是不断超越自我，成为更好的自己。这是一种认知境界，不需借助外语来表达。

在好问题引导下，我们才能看到并非某些人所说的"疯疯癫癫""搞笑女"，而是两位思维清晰、表达流畅的运动员。

相比有人问全红婵："用英语怎么说拿捏？"全红婵回答："我不想学。"董倩没有采取居高临下的态度，也没有刻意揭露他人的弱点和伤痛。

她发自内心地尊重全红婵,询问她未来的打算,以及金牌之上还有哪些更高的追求。当全红婵称赞陈芋汐时,董倩也立刻关注到全红婵的情绪,称赞她:"你也很棒。"

用恶意去了解一个人,看到的都是不足;用善意去探索一个人,便能发现新的宝藏。

从乒乓球拍的争论说起

2024年的巴黎奥运会比赛中，中国男乒"头号种子"选手王楚钦不敌瑞典选手莫雷加德，爆冷出局，无缘十六强，引发公众热议。

此前，王楚钦的球拍在混双比赛中，于众目睽睽之下被踩坏。输了比赛跟换球拍到底有没有关系呢？各社交媒体都出现了相关的讨论。

在关于球拍是否会影响运动员比赛的争论中，人们期待更理性的答案，渴望看到真理性认识。比如，中国科协官微从社会心理学的视角发声，探讨了心理因素是如何影响运动员比赛的，其中提道：分心、对胜利的在意、对失利的担心更有可能导致"社会抑制"效应。这样的真理性认知，显然更能为人们所共识。

为什么博尔特在冲刺时分心也拿下了冠军呢？为什么张怡宁当年换球拍依然战胜了对手？这两个特例也成为一些人在争论中批评王楚钦失利的论据。

大家摆一摆具体条件就知道了。博尔特是什么项目？短跑、长跑这一类项目，相比较而言，更依赖于选手的身体素质，而非注意力资源,因此,分心对他的影响相对较小。

但乒乓球对精细动作、战术博弈要求更高,需要快速准确地判断和决策。分心可能导致认知资源不足,从而降低决策和结果的质量。

张怡宁当年换球拍和王楚钦换球拍,所面对的对手、关注度的等级等,也是完全不一样的。

信息大爆炸的网络时代,有的信息发布者借助人工智能,投用户所好进行精准分发,用户慢慢就只看到自己所关注的信息,认知越来越封闭。

事实会因忽视而消失吗?面对海量信息,忽视选择性关注之外的信息,把局部当成整体,以偏概全,难免陷入认识的误区。因忽视而消失的,只是人们对关注之外的事实的认识,而不是事实本身。

"独学而无友,则孤陋而寡闻"。思维碰撞中"你有一个思想,我有一个思想,彼此交换后每个人都有两个思想"的方式始终行之有效。

在全球化时代,实物、信息、知识和思想的交换每天都在发生。交换给我们带来了什么?我们需要认识到,个人的认识是有限的,人类的认识是无限的。

知识和思想的交流促进不同观点的交流、碰撞,取长补短,克服认识中的局限性,推动认识的完善、上升、发展、创新。

追求真理,既有观点的碰撞,也有人心的互动。

希望大家勇敢地去实践,在实践中追求和发展真理,锲而不舍,上下求索,才能在一片喧嚣中获得真正的进步。

过一个幸福的儿童节

电影《长津湖》中,面对"联合国军"的挑衅,解放军战士抚摸着女儿的照片感慨说道:"这场仗如果我们不打,我们的下一代就要打。我们出生入死,就是为了他们不再打仗。"

由此,我想链接一个冷知识,儿童节本身就是一个反战的节日。

第二次世界大战期间,1942年6月,一群德国法西斯枪杀了捷克利迪策村十六岁以上的男性公民一百四十余人和全部婴儿,并把妇女和九十名儿童押往集中营,村里的房舍、建筑物均被烧毁。

为了悼念所有在第二次世界大战争中死难的儿童,反对那些战争贩子虐杀和毒害儿童,保障儿童权利,改善儿童的生活,1949年11月,国际民主妇女联合会在莫斯科揭露了这一残杀、毒害儿童的罪行,并将每年6月1日定为全世界少年儿童的节日,即国际儿童节。

遗憾的是,并不是世界上所有国家的孩子,都能够安然、快乐地度过这个节日。在加沙,伴随孩子们童年的是炮火攻击,是流离失所，以及随时会面临的死亡的威胁。

据估算，自从2023年10月新一轮巴以冲突爆发以来，以色列的军事行动已经导致一万四千余名巴勒斯坦儿童遇难，数千名儿童受伤。加沙地带有一百万巴勒斯坦儿童需要心理健康支持。

曾经有一名记者问一个加沙男孩："你长大想做什么？"这个男孩的回答是："我在巴勒斯坦长不大。"

我们今天习以为常的生活，甚至是基本的生命安全，对身处战争中的儿童来说全部都是奢望。

战乱之下没有安稳的居所，没有饱腹的食物，没有平静的课堂，有的只是恐惧和绝望。

这样的恐惧和绝望，中国儿童也曾经历过，那是1937年的上海火车站，一个孩童孤零零地坐在铁轨上号啕大哭。那些年，残暴的日军不知杀害了多少无辜的中国儿童。

这个世界并不太平，只因我们生活在一个和平的国家，我们的孩子才被保护得很好。

真正的答案不在外界

2024年暑假，一部反映教育的喜剧电影《抓娃娃》备受瞩目，魏翔饰演的思政课教师在讲授高中哲学课时，深入探讨了唯物论思想。

从板书内容可见，课程涵盖了"哲学的基本问题、可知论与不可知论、唯物主义与唯心主义"等议题。

课堂上，这位老师依照"剧本"展示了一段精彩的互动。

当老师提出问题时，一个小男孩积极回答道："上节课魏老师通过几个生动的故事向我们阐述了物质决定意识，存在决定思维的原理。特别是霍布斯和魏老师的独到见解，帮助我们在晦涩的文字中找到了真理的光芒。"

发言中提到的霍布斯，大多数人对他最熟悉的是"社会契约理论"以及著作《利维坦》。

在这本书的第一部分，霍布斯阐述了他的唯物主义观点，认为宇宙由物质微粒构成，物体是独立的客观存在，物质永恒存在，既非人造，也非人可毁灭，一切事物都处于不断运动之中。

导入部分结束后，老师对这位男同学进行了表扬，并自信地展示了一件教具，邀请同学们触摸以感受其物质性，以此来证明世界的本原是物质。

但小男主马继业凭借丰富的个人生活实践，提出了不同的思考，并勇敢地在课堂上表达了自己的观点，使得原本预设的教学流程"失控"，引发了一场关于"金石之辨"的讨论。

马继业说："还有一种可能性，老师，这个物质世界本身可能没有意识，但在它之外，可能有一种神秘力量在操控着这个世界。它可能是造物主，可能是天意，或者是更高维度的生命，如外星人、蜥蜴人，甚至是阿努纳奇或保家仙，都有可能。我能感觉到它的存在，一旦我违背了它们的意志，它们就会操纵我的命运，你们难道没有这种感觉吗？"

哄堂大笑之下，大概没人会想到，20世纪80年代，确实有传闻称美国沼泽地出现怪物，被称为蜥蜴人。

至于阿努纳奇，则是苏美尔文明中的重要概念和神祇群体，在神话中被描述为来自天界的神灵，被认为是创造了人类并管理人类事务的神祇，被视为人类的监视者和控制者。

看到马继业认真的表情，我不禁想到雷军在2023年所做的一次演讲："许多人年轻时，因为一本书、一部电影或一个人，梦想被点燃。我很幸运，真的把梦想当回事，将其分解为一个又一个可实现的目标。只有认知的突破,才能带来真正的成长。"

电影中的思政公开课虽然已经结束,但马继业同学对世界本质的探索并未停止。

值得一提的是,马继业同学最终通过自己的实践解开了内心的疑惑。

在这个世界上,99%的问题都有答案,然而,有些问题的答案并不在外界,而是在我们自己的内心深处。

马继业同学通过不断的探索和实践,逐渐理解了这一点。

事实上,在日常的生活中,当人们逐渐开始意识到真正的答案往往需要通过自我反省和深入思考才能获得时,他就离真相不远了。

《我的阿勒泰》中的三种范儿

《我的阿勒泰》是一部既养眼又养心的佳品,剧中的人物拥有很多特别值得学习的美好品质,李文秀、巴太、张凤侠、村主任、苏力坦……这些人物大都没有上过很多年学,也不一定读过很多本书,但他们的身上是有文化在的。

这使我想起了余秋雨先生的《何谓文化》。《我的阿勒泰》里面的人物,为我们提供了一种新鲜且必要的"文化风范",即书卷气、长者风、决断力。

首先是文秀的书卷气。书卷气不是只闭门读书的书呆气,它离不开有字之书的熏陶,更离不开无字之书的加持。

文秀身上的书卷气很浓,这源自她对生活真挚的热爱和深刻的洞察,使她从"生活在别处"逐渐转向了"生活在此处"。

因为热爱,所以她在一次讲座上认真地问出了"我想写作,却不知道写什么怎么办"的问题。

文秀很幸运,老师用"去爱,去生活,去受伤"这八字箴言认真回应了她的热爱;巴太用"可以写字的桦树皮"精心支持了她的热爱。

因为洞察,阿勒泰的生活不再仅是日复一日的衣食住行,而是以故事的形式走向了更广阔的时间和空间。

我有时会惊叹:为什么再普通不过的东西经过学问大家之手便能变得引人入胜?

袁枚有一首小诗写得好:"但肯寻诗便有诗,灵犀一点是吾师。夕阳芳草寻常物,解用多为绝妙词。"

在阿勒泰,文秀是"肯寻诗"的人,无论生活多么颠簸,只要在此处的热爱上做个有心人,那么便书在,诗在,阿勒泰也在。

其次是村主任的长者风。长者不仅长年龄,更是一种心境,不在于外表,而在于风范。有着长者风范的人总能让身边人产生可靠和倾听的信赖感,随之产生的才是道理和办法。

《我的阿勒泰》中的村主任善良、温和、有趣、讲理、从容。这就是我所欣赏的长者风。他在屋里大口吃着饺子,也不忘慢悠悠地去看烟花,他调侃文秀"谈恋爱就大大方方谈嘛,不要说谎,会有报应的"。

长者风的温和是有分寸的、讲理性的,他会利用中庸之道解决麻烦的问题。

比如,村主任在恰当的时机做苏力坦的思想工作,直到苏力坦主动交出了猎枪;他利用转场的机会,让张凤侠和苏力坦两家的矛盾得以化解,信中开玩笑地"让托肯烦你",最后促成了托肯和文秀的情谊。

最后是张凤侠的决断力。定情决疑,万事之基。人之心力与体力合行一事,事未有难成者。张凤侠这个人物本身已经让人眼睛一亮了,她拒绝精神内耗的话语,她在大是大非面前做出的抉择更让人身心一震。

文秀把奶奶弄丢了,张凤侠没有批评指责焦急万分的文秀,而是快速、清晰地给出"奶奶岁数大,腿脚不好,走不远,赶快去找"的判断,用一面小旗把奶奶哄回了家。

风雨欲来,张凤侠首先想到的是要去看彩虹。得知高晓亮要打草场的主意,毅然决然地对他发出警告。

在充满了各种不确定性的时节,决断力能够让人真正放下很多种现实的捆绑,实现生活新的"转场",这位女侠般的人物给人的感觉就是一个字:爽!

正如这部电视剧的导演所说:"张凤侠、李文秀已经不需要跟任何人证明自己,想爱就爱,不爱拉倒。"

人们的很多"心病",都可以在人海中找到"解药"。《我的阿勒泰》里面闪闪发光的人,告诉我们,要锻炼自己的人格、风骨,不要随风雨破落,失去自己的样子。

子柒归来,宁静致远

有这样一位女性,她曾是被妇联关爱的弱势群体中的一员。一年春节,妇联的一位工作人员将她接到家中,当她看到桌上的鸡蛋时,小心翼翼地询问:"这个鸡蛋可以吃吗?"工作人员回答:"当然可以。"她才放心吃起来。

后来,她被评为"2019十大女性人物",与她一同获此殊荣的还有王小云院士、著名主持人刘欣、外交部新闻司司长华春莹等。在文化传承方面,她担任了"四川非遗宣传推广大使",成为百度百科AI非遗馆的荣誉馆长和产品共建人,她在中华优秀传统文化领域的视频创作,含金量有目共睹。

她就是著名视频博主李子柒。

"时间之河川流不息,每一代青年都有自己的际遇和机缘,都需在自己所处的时代条件下规划人生、创造历史。"拥有八千年历史的中国大漆,在李子柒的最新视频中得以展现。

为此,她和团队成员经历了全身过敏的痛苦,皮肤结痂又抓破,痛苦难耐。然而，漆器的制作并未达到预期效果。她也曾因此落泪，工程一度搁置，到去医院打抗敏针，回来再继续制作。

正如李子柒所展现出的，没有荒凉的人生，只有荒凉的沙漠。她从未停止脚步，不断追求更好的自己。

她说："我永远都没有长大，但我永远都没有停止生长。"

人生的意义何在？灵魂如何安顿？如果你曾苦苦思索这些问题，不妨深入了解李子柒的故事，相信你会找到一份优秀的答案：非淡泊无以明志，非宁静无以致远。

新华社曾对李子柒进行过专访，归来后的她依旧怀揣着热爱。观看完访谈，我深受触动：李子柒的归来，为大众文化带来了更深刻的认知、更高远的站位、更美好的追求以及更强大的能量。

这让我回想起毛泽东同志给毛岸英的信中所言："无论学什么或作什么，只要有热情，有恒心，不要那种无着落的与人民利益不相符合的个人主义虚荣心，总是会有进步的。"

归来的李子柒，正是这样不断进步的典范。金子总会发光，意味着那些拥有坚定信念的人，在新的征程上定能取得更大的成就。

网络红人众多，但像李子柒这样获得官方高度认可的创作者却寥寥无几。从她的身上，我体会到：人生莫大的幸福之一，莫过于将个人的志趣与祖国和民族的事业融为一体。通过梳理她的社会荣誉，我们能够看到个体与集体的和谐统一。

李子柒是优秀青年的代表，她所取得的成就，反映了中国广大青年的风貌。在乡村振兴方面，她作为劳动模范，被任命为首批中国农民丰收节推广大使。这一荣誉由"中国农民丰收节组织指导委员会"设立，首批获此殊荣者还包括袁隆平、申纪兰、冯巩、海霞、冯骥才等。

正如在回答停更期间，是否担心被同类型博主替代的问题时，李子柒所说的："如今有了更多传统文化手艺人，这是整个社会参与的结果，而我的作品是否独树一帜已经不重要了，因为它已经成了一个方向，我希望能朝着这个方向走的人越来越多。"从她的身上，我们看到了传统文化复兴、乡村实现振兴的美好前景。而这一前景的实现，要更多依赖于踏实的劳动，依赖更广大的青年们。

《新华字典》再打卡

莫言在《不被大风吹倒》一文中说:"我一生中遇到的第一个艰难时刻是童年辍学。当时与我同龄的孩子都在学校里,他们在一起学习玩耍,而我孤零零地一个人放牛割草,十分孤独。幸好这个时候我得到了一本《新华字典》。"

习近平总书记曾在一次五四青年节同各界优秀青年代表座谈时,讲起了自己在农村插队时的经历。

他说:"我到农村插队后,给自己定了一个座右铭,先从修身开始。一物不知,深以为耻,便求知若渴。上山放羊,我揣着书,把羊拴到山峁上,就开始看书。锄地到田头,开始休息一会儿时,我就拿出新华字典记一个字的多种含义,一点一滴积累。我并不觉得农村7年时光被荒废了,很多知识的基础是那时候打下来的。"

2012年,财政部、教育部联合下发通知,将《新华字典》纳入国家免费提供教科书范畴。截至2020年,全国已有近两亿农村地区的孩子得到了免费的《新华字典》。

通过这本小小的字典,农村的孩子们不仅可以学习汉字语言知识,还可以储备科学文化常识。

《新华字典》自1950年启动编纂以来,一直承担着中国孩子学习汉字的"启蒙老师"角色。它以白话释义,用白话举例,通过一次次的修订,不断满足着不同时期读者的需求。

《新华字典》在历史的长河中,始终扮演着重要的角色。这本工具书的第11版相较于第10版,增加了"民生""福祉""和谐"等词,这些词语的收录体现了新时代对关注民生、为人民谋福祉、和谐友好的高频用词的重视,也展示了《新华字典》在不断"打卡"新词语的过程中,如何保持其活力和年轻态。

第12版的《新华字典》更是与时俱进,增添了"二维码""截屏""粉丝""点赞"等词语,聚焦于网络时代的新常用词,反映了当代社会的变迁和语言的发展。

而在早期的《新华字典》中,可以发现许多插图,这些插图帮助读者更好地理解字词的含义。

随着人们文化水平的普遍提高,现代的字典中图片的数量已经大大减少。而有一个词条下的插图却一直保留至今,那就是"莲"字下的莲藕图片。这个词条的修订背后有一个感人的故事。

曾经,一位来自江西的读者来信指出,根据他的观察和询问多位种植莲藕的老人,莲藕的一个环节上最多只能长出两根茎,一根是长叶的茎,另一根是长果实的茎,而字典中的插图却显示了一个环节上长出三根茎的情况。

修订者在收到这封信后，进行了大量的资料搜集和实地考察，最终根据实际观察和研究，对字典中的图片进行了更正，以确保其准确性和科学性。

珍惜你手头的《新华字典》吧，它不仅是一本字典，更是一把钥匙，能够帮助你打开知识的大门，引领你走进书的世界，探索无尽的智慧。

中国的筷子

有一年，某奢侈品牌在社交媒体上发布了一系列名为"起筷吃饭"的广告视频。这些视频中，模特们演示了如何使用筷子来享用诸如比萨饼和意大利式甜卷等西式美食。

然而，在这些广告中，筷子被轻率地描述为"小棍子形状的餐具"。

此外，广告中使用的所谓"中式发音"、傲慢的语气以及模特们使用筷子的不自然姿势，引发了广泛的争议，许多人认为这些内容涉嫌对中国传统文化的不敬和歧视。

文化多样性是文明的宝贵财富，正是由于各种文化的差异和独特性，世界才变得如此丰富多彩。文化差异所带来的张力和魅力，让世界更加精彩。其中，中华文化以其独特的魅力和开放的姿态，始终屹立于世界文化之林。

但我们应当认识到，文化都有其底线，这些底线不容侵犯，无论是在东方还是西方。

筷子，这种拥有超过三千年历史、被全球超过十八亿人使用的餐具，绝非仅仅是广告中所描述的"小棍子形状的餐具"那样简单。它承载着深厚的文化意义和历史价值。

我们大多数人可能从未仔细思考过自己是从何时开始使用筷子进餐的。似乎就在某个幼年时期，我们如同自然而然地学会了说话一样，开始使用筷子。

从我们用它夹起第一口饭菜起，筷子便成为我们生活中不可或缺的一部分，从未真正离开过。

母亲在厨房中清洗筷子时流水的声音，总是带着一种最朴素的家常气息。每次我们用筷子夹起饭菜，轻轻嘬一下筷头，那股熟悉的味道似乎总能唤起对家的深深思念。

一双筷子，几根手指，通过挑、夹、拨、扒、剥等动作，如同演奏乐器一般，不仅展现了国人对美食的热爱和追求，同时也承载着中华文化的传承、礼仪、情感和思念。

故宫博物院曾在微博上发布了一组九宫图，展示出中国筷子的多样性和不平凡之处。中央电视台也曾经制作过一个公益广告《你真的懂中国的筷子吗?》，旨在向公众阐释筷子背后的文化意义。

筷子不仅仅是每个中国家庭日常饮食中不可或缺的工具，它还是一个含蓄的中国人表达情感与爱的重要方式。

这双看似简单的筷子，让我们在日常三餐中都能感受到不同家庭的丰富情感和生活细节，以及不同食物中体现的地域文化。

长辈们用筷子蘸着各种风味的食物,教我们品尝人生的酸甜苦辣,这是一种生活的智慧和启迪。

母亲手把手地教我们如何使用筷子,这不仅是对技能的传授,更是文明的传承。

父亲在饭桌上敲打孩子先下手夹菜的筷子,提醒我们尊老爱幼的礼仪。

让孤独的人通过添一双筷子感受到人情的温暖,这是一种友善和和睦的邻里关系。

一双筷子,不仅承载着中国人的情感和记忆,也继承了厚重悠久的中国文化。

筷子不仅仅是一种餐具,更是一种文化的象征,一种情感的传递,一种文明的见证。

不能忘，不敢忘，不会忘

先考考大家：国庆节前一天，9月30日，是什么日子？

没错，是烈士纪念日。

1949年9月30日，人民英雄纪念碑奠基。

2014年，中国将9月30日设定为烈士纪念日。在国庆前一天纪念烈士，是对近代以来两千多万英烈最好的告慰。

从此，每年这一天，天安门广场上，党和国家领导人同各界代表一起出席，瞻仰人民英雄纪念碑，向人民英雄敬献花篮。

"打开地图，找烈士！"一次课上，我对同学们布置了课堂任务。

"怎么找？"

"从街道的名字开始找起！"

"老师，我明白啦！我的老家在四川宜宾，我记得有很多地方都以抗日英雄赵一曼烈士的名字命名。有一曼大道、一曼公园、一曼中学、一曼村……"

"对路子！大家继续找！"

"老师，我去过上海旅游，参观过四行仓库。我记得上海有很多以淞沪会战中死守四行仓库的谢晋元烈士命名的地方，有晋元路、晋元中学、晋元公园……"

"在黑龙江哈尔滨，有靖宇街，以杨靖宇烈士命名。"

…………

同学们越找越多，内心对英烈的崇敬感也越发强烈。

从苦难中崛起的国家，从未忘记那些浴血奋战、视死如归的身影。

为了表达对英烈的尊崇和怀念，我国在不同的历史时期曾用英烈的名字命名了很多地方，有些名称一直沿用至今。

如今，山河锦绣，盛世华景，英雄的名字被写在道路上、地标上，是怀念，是铭记，更是提醒——提醒我们，革命的星火曾如何燎原；提醒我们，脚下的坦途，是先烈用血肉铺成；提醒我们，今日的山河是多么珍贵。

党的二十届三中全会提出："推动全社会崇尚英雄、缅怀先烈、争做先锋。"

烈士纪念日，如同一座无形的人民英雄纪念碑，清晰地向全社会传递了一个理念：勿忘历史，缅怀先烈，我们才能走得更远。

因为有先烈们的奋勇献身，才让我们生活在如今这盛世。

主次矛盾拎得清

从2024年6月初开始,我国长江以北地区就进入高温干旱时节,其时又正处于夏粮收获、秋粮播种的换茬时期。

徐州所在的江苏,还有安徽、河北等省也都启动了农业重大自然灾害四级应急响应,提醒做好高温干旱天气防范应对,全力保障农业生产安全。

2024年6月21日,江苏徐州的一场人工增雨作业,缓解了全市大部分地区的旱情。徐州气象发布消息说:增雨作业顺利完成,来之不易的增雨机会,希望借一借"东风",来一场久违的甘霖。

然而,这场"久违的甘霖"却引来了一些人的不满和抱怨。6月21日当晚,徐州有一场演唱会,人工增雨给演唱会带去一些不便。

现场一些粉丝抱怨道:"早点晚点都行啊,花好几千是来挨浇的吗?"

对此,当地气象部门积极回应,表示降雨不可能面面俱到,还是要从全市的旱情考虑,重点保障农业抗旱。

从哲学角度讲，当地气象部门的做法和回应值得点赞，拎得清主要矛盾和次要矛盾，能够从全局考虑轻重缓急。

毛泽东同志在《矛盾论》中指出："在复杂的事物的发展过程中，有许多的矛盾存在，其中必有一种是主要的矛盾，由于它的存在和发展规定或影响着其他矛盾的存在和发展。"

人工增雨要看"老天脸色"行事，可以说是机不可失，时不再来，不能误了天时。如果为了演唱会的顺利举行失去增雨的机会，必会留下无法更改的遗憾。

不可能提前或推后进行增雨作业，是因为雨来的时间不是由气象部门或某一个地方决定的。

对歌迷来说，演唱会固然重要，但在徐州当时所处的条件下，演唱会只是一个次要矛盾，抗旱减灾才是主要矛盾，是当务之急，重中之重。

试想，气象部门如果因为演唱会而改变增雨的作业时间，很可能会被更多人认为是不懂民间疾苦，是失职，是会受到谴责的决策。

人工增雨是为了民生，要尽量减少作业活动对群众生产生活的影响，是应有之义。因此，在6月20日，徐州气象就发布了人工增雨作业公告。

公告中提出，此轮人工增雨是为了改善土壤墒情、促进农作物生长，徐州市气象局定于6月21日上午到夜间在徐州大部分地区择机开展人工增雨作业。

事实上这就已经尽到了提醒与告知的义务，市民出行与生产生活就不妨参照天气预报与人工增雨公告做些相应准备。

有网友说，如果知道人工增雨是为了抗旱，就是淋了雨也是开心的。

这就是大格局与情怀的体现。如果在演唱会中淋了雨，不妨消消火气，别错怪了人工增雨作业。

计利当计天下利，而不是计个人得失。民以食为天，不能保证粮食的丰收，势必会丧失生存和发展的主动。

如果只盯着遗憾,到哪里都无法拥抱森林

前不久,某高校选调生(经组织选调到基层重点培养的群体)离职嘉峪关一事持续引发热议。

作者在一篇文章中自陈,对选调分配的地点很不满意,投身工作后懊悔、不甘,后申请取消录用资格,组织已批准。

当我们拥有了职业的稳定性,就必须做好准备接受那些随之而来的繁杂事务。当我们享受着工作的简单和轻松,就应当学会忍耐那些可能随之而来的枯燥乏味。如果总是抱持着"既要……又要……还要"的心态,只会让自己感到心力交瘁。

在人生的道路上,无论我们做出何种选择,都难免会存在一些遗憾。如果我们总是将目光聚焦在这些遗憾上,那么无论走到哪里,都将无法真正地拥抱生活,无法感受到生活的美好和广阔。

一个健康的社会空间,应当是多元和包容的。但若每个人的眼中只有金钱,无疑会令人窒息。

人类社会始终没有停下过追求真善美的脚步,如果不甘心于平

凡的生活，渴望在人群中脱颖而出，渴望成为引领时代的旗帜，就应当积极地拥抱核心价值，让它成为我们行动的指南。

总有一些人，以自己的方式，让公共的事业熠熠发光。

樊锦诗，这个名字在当代中国文化遗产保护领域中，犹如一颗璀璨的明珠。

她是中国著名的敦煌学考古学家，长期致力于敦煌莫高窟的保护与研究工作。樊锦诗不仅以其深厚的专业知识和严谨的学术态度赢得了同行的尊重，更以其对文化遗产的热爱和无私奉献精神，成为中国文化传承的典范。

她的一生，都扎根在敦煌，她的心，安放在那里。

黄国平，一位研究人工智能的博士，他在毕业论文致谢中，写下了他一生中所经历的种种苦难。

他始终坚持着这样的信念："如果我最后能够做出一些事情，让别人的生活变得更加美好，那么这一生就算是赚到了。"

这样的文字，让人感到振奋和鼓舞。我们尊重每个人的选择，但更加钦佩那些在艰苦环境中依然不屈不挠的灵魂。

我们也更欣赏那些能够将个人发展与社会进步相结合的人。

他们用自己的行动，证明了个人价值和社会责任是可以并存的。

他们用自己的努力，推动了社会的进步。

我们期望，有更多优秀的人物被宣传，使个人与社会发展的和谐共振成为一种普遍现象，让其蔚然成风。

做懂法明白人

电影《第二十条》中,一位高中女生的父亲对不公正现象追寻结果,以求得问题解决的坚持,令人动容。与此同时,因校园暴力遭受不公的高中生儿子对作为法官的韩明的质问,和一系列相关事件的碰撞,也促使作为父亲的他心态发生了转变。

成年人在面对问题时,往往会权衡利弊得失,而未成年人则更倾向于关注是非对错。

"我们究竟要将一个怎样的世界传承给下一代?"这个问题在法官吕玲玲和韩明的对话中被提出,他们深感自己的责任重大。

在办公室的回忆中,吕玲玲和韩明回想起大学时代的教育经历,二十多年过去了,他们所学的知识如同一盏明灯,再次指引了他们走向法治的道路。

"教育不仅仅是传授知识,更是塑造灵魂。"这句话在韩明和吕玲玲的身上得到了充分的体现。他们不仅在专业领域取得了显著的成就,更重要的是,他们用自己的行动诠释了法治精神和人文关怀。

他们的故事激励着更多的人去思考如何在自己的岗位上，无论能力大小，都能为社会的进步贡献自己的力量。

"我们处理的不仅是案件，更是他人的人生。"韩明和吕玲玲无疑遇到了优秀的导师，接受了先进的法治教育的熏陶。在大学时期，二人心中已经种下了公正的种子，这促使他们成为具有同情心和正义感的法律工作者。

所有正确的事情都可能伴随代价，我们不能因为代价的存在就放弃去做正确的事。

在现实生活中，我们常常面临选择，是选择短期的利益还是长期的正义？是屈服于现实的压力还是坚守内心的信念？

韩明和吕玲玲的故事告诉我们，即使在复杂的社会环境中，依然可以保持清醒的头脑，坚持正确的原则。他们的行为不仅影响着周围的人的命运，更在社会上树立了榜样。

每一个人都可以是社会进步推动者。韩明和吕玲玲的坚持和努力，让我们看到了法治精神在日常生活中的体现，也提醒我们，每个人都有责任和义务去维护正义，去推动社会的公平与进步。

"法律不是冰冷的条文，而是温暖人心的准则。"这是韩明和吕玲玲在工作中始终坚持的理念。他们通过自己的努力，让法律的光辉照亮了更多人的生活，让法治的种子在更多人的心中生根发芽。

我们的一生，很幸运被国家的法律保护着。而要做一个法律明白人，不仅能把自己保护得更好，还能更好地守护社会的美好。

不要陷入政治冷漠

在亚里士多德看来,人是政治的动物。大家心里其实都清楚,身处社会之中,政治怎么可能与我们无关?

上海市中学生的意见被写进未成年人保护法,中学生参与到保护自己的立法修订中,体验感悟社会主义民主法治进程。

济南市中学生提交的提案得到商务部回复,中学生通过深入调查研究、思考分析,提出解决问题办法,不断提升自身综合素质。

让高中生的青春在"商量"中绽放,被认同、被肯定、被需要,这样的政治学习好处很多,值得大家拥有。

想法还是要有的,万一被采纳了呢?

但需要注意的是,不要有毕其功于一役的想法,试图用一个办法彻底解决所有的难题是不现实的。不要以"我不信"的态度陷入一种政治冷漠。

不要以"不相信"的方式标榜自己思想独立。

某年冬天,受雨雪冰冻天气影响,湖南岳阳汽车东站有四百多名旅客滞留,岳阳市政府抽调两台大巴车将滞留旅客转送至市奥体中心临时安置。

其时,一名女子抱怨:"解决不了这种封桥封路的问题,把我们叫到这里来是干什么呢?"

对此,一名干部坚定地说道:"第一避风,第二避雨,第三有热水,第四有饭吃!"这就是现实版的"政治"。

日常的生活中,政治不仅仅是一个抽象的概念,它关乎每个人的切身利益。正如日常所见,政治决策影响着我们的教育、交通、医疗等各个方面。因此,理解政治,参与政治,是每个公民无法脱离的。

关注政治的同时,不仅要学会分析和解读政策,还要学会如何将理论知识与实际问题相结合。通过参与社会实践活动,可以更直观地感受到政治的力量及其在解决实际问题中的作用。

例如,通过参与社区服务,可以了解基层治理的现状,通过参与学校的学生会选举,可以体会到民主决策的过程。这些经历不仅能丰富同学们的社会经验,也能锻炼政治素养。

政治学习还能够帮助我们树立正确的价值观。在面对社会问题时,能够更加理性地分析问题,提出建设性的意见,不会盲目跟风或被错误信息所误导。

终有一天,大家会走出校园,走入社会。对于国家政策进行科学的解读，对大家未来抓住机遇、做出成绩很有帮助。

青少年应当有政治头脑，追求政治进步，利用好社会创造的宝贵资源，关心公共责任，创造美好生活。

把真本事学到手

2024年下半年,湖南怀化的理发师李晓华因其精湛的技艺和让顾客满意而归的服务而声名鹊起。人们纷纷赞叹:"终于遇到了一个能真正理解顾客需求的理发师。"

从她的故事中,我们可以学到什么呢?

技能有高低之分,但只有那些真正掌握在自己手中的技能,才是真正的本事。

人生充满变数,许多事情难以预料,唯有自身的真才实学,在关键时刻才是最可靠的支撑。

若想追求自由、自主、独立,并致力于服务人民,就必须多读书、多实践、多积累真正的技能。

李晓华的成名,是她凭借自己的技能赢得的。尽管她并非专业出身,但她经常仔细观察爱人理发的过程,并全心全意地练习,直到技能炉火纯青。

正如她所说:"每次剪发,我都会全神贯注地投入,不知不觉中，我的手艺就提升了。"

"理解顾客"最终需要通过"实际成果"来证明。

没有真正的技能和硬实力，即使能够理解顾客的需求，提供情感价值，也难以留住顾客。因此，那些无法理解顾客的服务，问题不仅在于缺乏耐心，更可能是因为技能不足，力不从心，简而言之：不专业。

一位政治领袖曾经说过："如果一个人的职业是清洁工，那么他应该像米开朗琪罗绘画、像贝多芬作曲、像莎士比亚写诗那样，以同样的热情和专注来打扫街道。他的工作做得如此出色，以至于无论是天空中的飞鸟还是大地上的居民，都会对他赞不绝口：'看，这里有一位伟大的清洁工，他的工作真是无人能及！'"

身处尘世，时而会有人感叹，世界就像一个巨大的草台班子。在这样的环境中，青年很容易被周围的浮躁所影响，忘记了追求卓越的重要性。

然而，只有对专业工作不懈追求，才能让我们在各自的领域中脱颖而出，成为别人眼中的"专业人士"。

正如一位著名运动员所言："在比赛中，我追求的不仅是胜利，更是每一次跳跃、每一次挥杆的完美。"这种对细节的极致追求，正是他们能够在赛场上取得佳绩的关键。

在日常生活中，我们每个人都可以是自己专业领域的"专业人士"。无论是烹饪一道美食，还是完成一项工作任务，只有不断地提升自己的技能,才能在竞争激烈的环境中立于不败之地。

用实际行动去证明:我们精研技术,定能在生活的每一个角落,展现自己的专业精神和卓越成就。

追梦少年心

唱响心中的童谣

在通信尚不发达的年代,有这样一首童谣却跨越了大江南北,成为"80后""90后"共同的童年记忆,那时候,几乎全国的小朋友都能哼唱出它的歌词——

小皮球,架脚踢(香蕉梨),马兰开花二十一,二八二五六,二八二五七,二八二九三十一。

这首名为《马兰花开》的童谣背后,有着怎样的故事呢?

让我们回到六十年前的金秋十月,1964年10月16日15时,我国西北核武器研制基地上空划过一道耀眼的光芒,随着震耳欲聋的巨响,巨大的火球化作蘑菇云直冲云霄。

这是否唤起了你的历史知识记忆?

不错,这正是中国第一颗原子弹成功爆炸的场景!当时,试验场区欢声雷动,所有参与试验的人员都热泪盈眶,无比激动。

为了庆祝和纪念这一成功，同时确保保密工作，科研人员将几句密语融入了《马兰花开》这首童谣中。

"小皮球"代表中国第一颗原子弹。"架脚踢"指的是我国原子弹放置的102米高铁塔。"马兰"指的是位于新疆罗布泊西端的马兰基地，数字"21"代表了中国人民解放军第二十一训练基地研究所。"28256"和"28257"是两个信息的编号，是保密基地对外联系的唯一通信方式。

"东方巨响"震撼了世界，从此中国跻身核大国之列，赢得了全球的瞩目，因此，"小皮球"也被亲切地称为"争气弹"。

除了这首童谣，还有一首民歌，至今仍深深印在我的记忆中："天上没有玉皇，地上没有龙王，我就是玉皇！我就是龙王！喝令三山五岳开道，我来了！"

这首民歌用夸张和想象手法，塑造了一个向大自然发号施令的巨人"我"的形象，表现了人民群众征服大自然的信心、气魄和豪迈意志。

正如毛泽东同志在1958年4月的一篇文章中赞扬的那样："从来也没有看见人民群众像现在这样精神振奋，斗志昂扬，意气奋发。"

这首朗朗上口、恢宏大气的歌谣《我来了》，作者为《安康日报》已故著名记者于邦彦。歌谣诞生于20世纪50年代末，反映了广大群众在建设陕西安康市八一水库过程中战天斗地、气吞山河的英雄气概。这首歌谣曾被选入当时全国中小学通用教材。

时过境迁，这些童谣和民歌早已不再流行，但它们的精神内涵依然值得传承。

在快节奏的现代生活中，我们或许可以偶尔放慢脚步，回忆起童年的美好，找回那份纯真和无忧无虑。

我衷心希望，童谣和民歌可以再次成为连接历史与未来的桥梁，就像现在正在进行的"童声里的中国"项目那样，让一份份珍贵的历史记忆，在孩子们的心中继续生根发芽。

唯有青春风采依然

1998年,一位二十四岁的农村女青年胡小燕,做出了深刻影响她人生道路的重大抉择:南下打工。

在这之前,她在老家种过地,也做过幼儿园教师。

一头挤进了绿皮火车的胡小燕,经过三十八个小时的颠簸,踏上珠三角的土地,成了陶瓷厂里的一名平平无奇的"打工妹"。

纵无人相识,亦无须卑微。时代机遇的加持,本本分分的劳动,会带给她的人生什么样的惊喜呢?

十二年之后的2010年,在一个阳光明媚的3月,一位干练的全国人大代表,在北上进京履职的路上,正翻看着自己准备已久的首个议案——解决外来工欠薪问题。

这名北上而来的全国人大代表,不是别人,正是当年南下打工的女青年胡小燕。

改革大潮中的多年历练,使她有信心担负起"中国首位农民工全国人大代表"的重任。2018年12月18日,党中央、国务院授予胡小燕"改革先锋"称号。

农民，农村……那份人们挥之不去的乡愁，也是改革开放以来党的历届三中全会关注的重中之重。

就在胡小燕离开农村、到城市里打工的1998年，党的十五届三中全会通过了《中共中央关于农业和农村工作若干重大问题的决定》。

十年后的2008年，党的十七届三中全会通过了《中共中央关于推进农村改革发展若干重大问题的决定》，农村改革进一步深入。

这一年的秋天，山西长治学院，一位女大学生前来报道，她读的是思想政治教育专业。国家有爱，人间有情，己身有幸，这位出身农村、家境贫寒的大学生，在求学历程中得到了很多爱心人士的资助。

经过五年的努力，她考入了北京师范大学哲学系。从北京毕业后，她又考取了家乡的选调生，回到农村做"驻村第一书记"。

她在扶贫日记中写道："在我驻村满一年的那天，我的汽车仪表盘的里程数正好增加了两万五千里，我简单地发了一个朋友圈：'我心中的长征，驻村一周年愉快。'"

谁都不曾想到的是，不久之后的一场山洪带走了她的生命，她没能亲眼看到这场"脱贫"的长征，已经取得了胜利。人们深深怀念她，称呼她为大山的女儿——她就是黄文秀。

征途漫漫，青年的故事，说不完，道不尽。一代代中国青年，在中国共产党的旗帜下，不断将青春的蓬勃朝气注入党和人民的事业，成为改革开放的参与者和奉献者。在过去改革的征程里，青年们走过绿茵花溪，也踏过丛林荆棘。

在进一步全面深化改革的路上，年轻人们只有赓续星火、奋楫笃行，中国式现代化发展的道路才能繁花盛开，人生自我成长的舞台才会惊喜连连。

站在新的历史起点上，诸多现实难题、各种风险挑战，考验着青年人的决心和智慧。改革与青年，如何同频共振，互相塑造？

历史已经证明并且将继续证明：唯有向前，才能积淀定力和勇气。

唯有向前，才能练就眼界与胆识。唯有向前，才能养成胸怀与气度。

唯有向前，才能看得到光明在前。唯有向前，青春才能风采依然。

整个宇宙都会联合起来帮助你

初中毕业选学校、文理分科选科目、高考填报选志愿……这些青少年阶段的"人生大事",靠自己能独立完成吗?

"00后"钟芳蓉的回答是肯定的。来自湖南省耒阳市余庆街道同仁村的钟芳蓉是一名留守儿童,她最大的依靠就是自己。

2020年高考,钟芳蓉取得了湖南省文科第四名的好成绩,填报志愿时,她选择了北京大学考古专业。

四年的求学生活,在好奇与勇气的指引下,在坚持与奋斗的照亮下,钟芳蓉再一次被公众看见。

2024年7月3日,钟芳蓉作为本科毕业生代表在北大考古文博学院毕业典礼上致辞。

近日,社交媒体上再次传来她的好消息,她应聘了敦煌研究院石窟考古的岗位。

从钟芳蓉的身上,我看到了在中国式现代化的新征程上,"时代新人"应有的样子。

首先,她很平静,内化但不内耗。钟芳蓉给人一种特别从容、活得通透的感觉,四年前,面对央视的采访,当被问及查分时,她表示:"要出来的总会出来的。"

当谈到留守儿童的身份时,她说:"留守其实是一个很平常的事,所以一般得是自己扛。有困惑的时候也一般不跟父母讲,就是自己消化消化,写个日记什么的,发泄一下,然后自己会继续努力。"

其次,她懂感恩,知道体谅家人。她非常能够理解父母不在自己身边的情况,也去过父母打工的工厂,看到过父母打工的辛苦。许宏老师曾在一次访谈中问她,爷爷奶奶会不会比较溺爱她?钟芳蓉的回答是:"不会,我奶奶管得严,我从五六岁就开始洗碗。"从这一点可以看出,钟芳蓉能设身处地体谅别人,富于同情心,过着一种充满人性情感的生活。

最后,她能吃苦,有一股精气神。生活充满了忧患和苦难,有的苦是被动地吃,有的苦是主动地吃,能吃苦的真正要义是找到那个自己愿意为之吃苦的赛道,掌握化苦为甜、境随心转的本领。

众所周知,考古工作内容是田野与城市的结合,是体力劳动与脑力劳动的结合,既需要耐得住寂寞,也需要和人打交道。

考古界的一位前辈表示:"一个考古队长,必须是能摸爬滚打能开玩笑,从包地、赔产,到跟村干部谈水电、煤气、住房租用,方方面面都得会。"

钟芳蓉从农村考到了城市,依然能适应农村生活,并始终不忘从农村生活中汲取养分。她有一句话,在我看来很有力量:"我不怕辛苦,毕竟农村长大的小孩,从小苦到大。"

保罗·柯艾略在《牧羊少年奇幻之旅》中有一句脍炙人口的名言:"当你真心渴望某样东西时,整个宇宙都会联合起来帮助你。"

四年前,当钟芳蓉做出的考古选择不被一些社会人士看好时,一群专家学者的联动及时正确地引领了舆论方向——十余省份考古圈联动,业界的前辈们纷纷为她送去祝福和礼物。这就是全力托举年轻梦想、守护真诚奋斗的当下中国正能量。

钟芳蓉的故事启示我们,要念念不忘远方的理想,同时要不断更新和塑造当下的自己。若你能掌控自己,面前便是整个宇宙。

努力过　不后悔

我们生活的世界充满希望，也充满挑战。我们不能因现实太复杂而放弃梦想，不能因理想太遥远而放弃追求。

这是一切健全的灵魂所坚信和践行的信念。

有一种青春，叫努力过不后悔。来自云南的范天兰正是逆境成才的典范。

2020年，正在高三的她通过网课进行复习，但山高路远，网络信号微弱，她就在家附近的山坡上上网课，两千五百多米的海拔，时有风雪，她裹着被子，埋头苦学，因此也被称为"山坡找网女孩"。

大学老师对她的寄语是："读万卷书，行万里路。在这个信息化的时代，希望同学们静下心来，读一些专著，到了三四年级，务必坚持阅读文献资料，日后必能成大才！"

袁隆平说过："有人问我，你成功的秘诀是什么？我想我没有什么秘诀，我的体会是八个字：知识、汗水、灵感、机遇。"

这八个字，看似简单，却蕴含着颠扑不破的真理。知识是基础，没有扎实的知识储备，就无法在科研的道路上走得更远；汗水是付出，只有通过不懈的努力和辛勤的劳动，才能将知识转化为实践中的成果。灵感是创新的火花，它往往在不经意间闪现，为科研工作带来突破性的进展；而机遇是可遇不可求的，它需要我们时刻准备着，当机遇来临时，能够迅速抓住，实现质的飞跃。

袁隆平院士的这番话，不仅适用于科研领域，同样适用于我们每个人的生活和工作。

在日常学习和工作中，我们也需要不断地积累知识，付出汗水，培养灵感，并且时刻准备着抓住机遇。

只有这样，我们才能在各自的领域中不断进步，最终实现自己的梦想和目标。

似不起波澜的日复一日，一定会在某一天，让你看到坚持的意义。

当我们决定拿出有始有终的努力，去成就一件"像样的事"，并付诸坚持不懈的行动，以后回想起来的时候，我们会庆幸"真好，我撑过来了"，而不是后悔"要是当初再……就好了"。

废品堆上的读书生涯

还记得小时候一天放学后,邻居叫我妈妈去接电话,因为那时我们家还没有手机。我躲在墙角玩,目睹了妈妈突然间表现出的巨大的无助的全过程。我接着发现,许多亲戚突然出现在我们家,当天,妈妈安排我去了邻居家。

后来我才知道,我爸遭遇了车祸,躺在大马车上,腿部骨折。正值农忙时节,妈妈一边照顾受伤的爸爸,一边还要下地劳作。

那时,她经常胃痛,面色苍白,每天都要服用大量止痛药。有时,我会在妈妈睡着时轻触她的鼻息,生怕失去她。

尽管有合作医疗的帮助,这场突如其来的变故还是让我们家欠下了亲戚们许多债务。爸爸康复后,就开始赶着毛驴车在村里收破烂,努力赚钱还债,为妈妈买药,供我上学。我那时会将一块钱分成两次使用,需要时最多只花五毛。

记得有一年的大年三十晚上,妈妈煮好饺子后,胃痛得非常厉害,躺在炕上动弹不得。爸爸在村里借了一辆车,连夜将妈妈送去医院。我被安排在邻居家,小小的我躺在炕上,听着外面的鞭炮声,泪水止不住地滑落。

那时,我最大的愿望就是父母都能健康平安。经过漫长的等待,舅舅接我去了长岭县的医院,我终于见到了病床上的妈妈,医生已经切除了她胃里的两个肿瘤。

妈妈看到我时非常高兴,从柜子里拿出已经发黑的香蕉给我吃。她知道我爱吃香蕉,平时在家很少能吃到,所以把别人送给她的香蕉留给了我。我拿着香蕉,心里默默许愿,将来,一定要让爸妈都能吃到新鲜香蕉。

妈妈出院后,就在家帮助爸爸收废品。有一次,爸爸来到我的中学收废品,我心里既想见他,又想避开他。

我的内心深处总在谴责自己:"怎么能这样?竟然嫌弃自己的父亲!"直到有一天,我看到他把修路用的水泥袋一个个捡起,全身沾满了白灰,变成了一个"水泥人"。

我终于忍不住,叫了一声"爸",把旁边的秤递到他手中。那一刻,我醒悟了:收废品并不低贱,爸爸是通过辛勤劳动来养家糊口的。

尽管村里有人轻视爸爸,但对我来说,他永远是我的骄傲。我更坚定了心中的愿望,将来不仅要让爸爸过上好日子,还要继续支持他在收废品中找到的价值和尊严!

每次完成作业后,我会帮助爸爸捆纸壳、拆铜丝(剥去铁皮的铜线)、装书本。我总是期待爸爸带回来的书,而他也会特意为我留出一些,让我挑选。

从小我没有买过演算纸和笔记本,更没有买过书,一直读的都是爸爸收回来的书。

其中最让我印象深刻的,是一本书中收录的左权将军写给叔父的信中的一句话:"愿以我的成功事业报答你和我母亲对我的恩情,以及我林哥对我的培养。"

"我相信每个真诚孝顺的孩子,都曾在心底向父母许下过宏大的愿望。"长大后,毕淑敏老师的话再次引起了我内心深处的共鸣。

回顾我的求学之路,我有一份长长的愿望清单。

这些愿望不仅是为了我的父母,也是为了我的家乡,为了我的祖国,为了那些我认识的和未曾谋面的热心人。这些,是我读书后便在心中种下的种子。

把记忆封存于时光,从这里走向未来。如今的我,已经从那个无知无识的懵懂孩子,成长为一名教师。回望那段独特的读书生涯,我无比确定,读书真的可以改变命运。

迎着风雪去求学

年少求学时,为了节约开支,我从不购买瓶装水,总是骑自行车往返于学校和家之间,将饭菜装入铁饭盒,并携带一大瓶水,悬挂在车把上。

冬天骑行尤为艰难,迎着刺骨的西北风,我必须用力蹬踏,手脚常因寒冷而麻木。然而,我并不感到苦涩,因为逆风之后必有顺风。

我一边骑行,一边低声吟诵学校教过的诗词,内心充满愉悦。

那时,一位初三的老师得知我每天骑车上学,还自备水和饭盒,便邀请我到办公室,用他亲手做的土豆片款待我。我对此感激不尽,至今铭记。

到了高中,开销变大了,尤其是每月的餐费。幸运的是,食堂同意了我的短工请求,我为同学们打饭,作为回报,我可以免费用餐。

历史老师在食堂见到打工的我后,帮我联系了一位慷慨人士。

这位至今我从未见过的人，在我高中期间每月都会资助我五百元生活费，直至我毕业。

我曾多次恳求我的历史老师告诉我这位好心人的身份。老师只是说："他是一位卖种子的商人，你将来从一颗优秀的种子成长成大树，就是对他最好的回报。"

由于我是最后一个用餐的学生，我总能在食堂遇见校长。校长非常节俭，总是将饭菜吃得一干二净。但他对我很慷慨，经常为我带来牛奶，告诉我学习辛苦，需要补充营养。

考上大学后，校长还特意为我给一位他认识的大学心理学院老师写了推荐信。

东北师范大学的录取通知书寄到后，班主任让我拿着通知书，在高三教学楼前拍照留念，照片后来被贴在学校的光荣榜上。

回家后，我将这份珍贵的通知书恭敬地放在桌上，亲戚们围坐一旁，期待着我拆封。我取出一张纸，有人朗读道："刘强同学，经吉林省招生委员会批准，录取你入我校政法学院思想政治教育（公费师范）专业学习，请持此通知书于9月1日准时来校报到。"接下来是协议书、银行卡、征兵宣传单、学校资助政策宣传手册等。

大家边看边称赞："这真是太好了，不用交学费就能上大学。""看，这里还写着资助政策，不用担心经济问题，只需专心学习……"

随后，在家人的见证下，我和父亲郑重地在免费师范生协议书上签了字。

那一刻,我深刻地意识到,生命的意义是如此重大而丰厚,无论怎样努力都不为过。

从踏入大学的那一刻起,我便成了国家资助政策的受益者。"资助"二字,在我心中,象征着温暖与希望。

我在心底默默许下愿望:要成为一个好儿子、好学生、好老师。

我清楚地记得,那则轰动全国的新闻《贵州孝子千里背母临沂求学》,主人公刘秀祥感动了千万人。后来,每隔一段时间,网上就会有人问起:那个当年背着母亲上大学的孩子怎么样了?

毕业后,走出大山的刘秀祥又回到大山,成为一名乡村教师。如今,他成为党的二十大代表、全国最美教师、中国青年五四奖章获得者。

从苦难中来,在苦难中成长,帮助更多的人远离苦难,这也是我的故事,我的追求……

唯有勤奋可以抵达圆满

我是自己一个人来大学报到的。在东北师大净月校区的图书馆门前,"绿色通道"的一位迎新学姐注意到了我,交谈中她介绍自己是爱心使者团的成员,这是一个为全校资助对象服务的学生组织,正在为入学困难的同学发放爱心礼包。

我到现在还记得自己当时对她说的话:"爱心使者这个名字真好听,希望我以后也能做一名爱心使者。"

入学第二天,我的高中校长写信联系的那位大学心理学院的老师,约我在本部校区的幼儿园见面,并邀请我到他家里吃火锅,那是我第一次吃火锅。

饭后,老师说开卷未必都有益,要多读好书,方才有益。他建议我可以选择学校图书馆的勤工助学岗位,并送给我几张学人书店的购书卡。那年冬天,老师还给我送来了棉衣棉服。

在辅导员老师和学校资助中心老师的帮助下,我成功申请到了勤工助学岗位,在净月校区的图书馆整理图书,还参与了勤工助学服务团十周年的晚会主持。

让我至今念念不忘的是，四年的大学生活，这位老师一直在不间断地默默关怀和帮助我成长，很多温暖贴心的举动，我都是事后才知道的。

在大学，我对自己的要求是不辜负、不懒惰——不辜负党和国家的悉心培养，不辜负学校和老师的一片赤诚。

从上大学起我一直坚持早睡早起，勤奋学习。早起的同学是被学校宠爱的，会享受到绝不重复的朝霞，拥有打破宁静的特权，领略未被沾染的清新，得到快人一步的心气。

刚上大学的时候，我当众发言会腿肚子打战，心跳加速，说话含糊不清。于是，每天早上六点寝室开门，我就拿着高中语文课本到校友林去练习。

不会制作教学课件，不熟悉电脑，只能用一个手指敲击键盘。每天晚上我就到图书馆阅览室的公共电脑上去练习。

参加学校的理想与成才报告会，看见大四的学长学姐的父母被学校邀请到现场，与孩子们一起分享光荣时刻，我暗自在心底许愿，一定要入选理想与成才报告团，让老爸老妈能亲自来到我的学校看一看，看看我在这里真的很好。

每天除了去图书馆，我还会去运动场跑步锻炼身体。俗话说身体和灵魂，总要有一个在路上，我觉得这两个必须同时在路上，不然就很怪。

心力与体力合二为一，致广大而尽精微，乃成事之道。

大二的时候，我参与了校爱心使者团的新生入学"绿色通道"的全部活动，亲手把爱心礼包交给大一新生，从受益者到参与者的转变，使我感受到背后有一股强大的团结的力量，受人资助并不是低人一等，而是国家有爱、人间有情、己身有幸的难得经历。

幸福都是奋斗出来的。

虽然没有任何基础，但我非常勤奋。一个人干什么事情都要有一点坚韧不拔的劲头，专注认真的勤奋往往能给人带来很多意想不到的惊喜。

我先后获得了国家奖学金、宝钢优秀学生奖学金、明德奖学金，获得了校勤工助学服务之星称号、校教师技能大赛特等奖。

世人多看结果，勤奋支撑过程。勤奋读书，勤奋学习，勤奋不息，这或许是青春最好的安排。

去问开化的大地,去问解冻的河流

去问开化的大地,去问解冻的河流。

大地的开化,是自然界的伟大奇迹,它以一种无声却震撼人心的方式向我们展示了生命的顽强和时间的轮回。它告诉我们,无论经历了多么严寒的冬天,春天总会如期而至,带着生机与希望。

就像人的心灵,无论遭遇了多少次的挫折和困难,只要能保持坚定的勇气和不灭的希望,总有一天能够迎来属于自己的春天,绽放出属于自己的光彩。

解冻的河流,是生命力的象征,它以一种不可阻挡的力量冲破了冰封的束缚,勇往直前,不畏艰难险阻,最终汇入广阔无垠的大海。

我们都已经经历或正在经历人生最灿烂的青年时代,这是一个充满活力、梦想和无限可能的时期。

没有人会永远年轻,但总有人会保持年轻的心态和精神。

革命人永远年轻,是因为他们以不屈不挠的斗志和对理想的执着追求，展现了青春的真谛。

课堂上，我总会建议大家多想想：我们的民族是否已经完成了伟大复兴的事业？强敌是否仍然在侧，威胁着我们的和平与发展？人民是否已经实现了富足安康的生活？国家是否已经实现了完全的统一？先辈们的遗憾是否已经得到解决，他们的理想和信念是否已经由我们这一代人继承和发扬光大？

青春，不仅仅是一段旅程，更是一次心灵的成长和蜕变。

就像春天的大地从沉睡中苏醒，河流从冰封中解冻，我们也必须学会在逆境中寻找希望的火种，在各种挑战中发现并把握机遇的钥匙。

让我们携手并肩，共同在青春的道路上不断前行，用我们的青春和热血去书写属于我们自己的历史篇章。

让我们的名字，成为未来人们口中赞美的对象，让我们的故事，成为激励后来者的传奇。

青春不老，奋斗不止，让我们的成长，赢得后人的敬重！

保持自己的节奏

在一次前往某县城的访问中,我有幸做了一场报告。报告结束后,一位同学给我寄来了这样一封信:

尊敬的刘老师,前几天有幸聆听了您关于政治的课程,虽然时间只有短短一个小时,但我从中获得的收获却是相当大的。首先,我感到非常荣幸,能够在这样一个小县城里与您这样一位杰出的老师相遇,并共同度过了一节精彩的政治课。

在您的课堂上,我不仅学习到了政治知识,还了解到了您的一些故事和经历,这些都让我对您充满了敬意。

在高三这个关键的学习阶段,我的学习成绩一直停滞不前,连续几次考试的成绩都不理想,这让我对自己的自信心和心理素质产生了怀疑,时常感到迷茫,不知道该如何是好。

但是，今天听完您的课后，我重新找回了前进的动力和方向，心中再次燃起了希望之火。

虽然有些不好意思，但我必须告诉您，上次的政治考试成绩确实让我感到失望，但您的课程给了我很多启发和指引，我真心地感谢您。我的同学们也都对您赞不绝口。在这样一个小城市里，我们的视野往往受限。但听了您的课后，我们突然意识到这个世界其实非常广阔和多彩，我们也渴望能够去更大的城市开阔自己的视野，希望有一天能够成为像您这样优秀的人。其次，课程结束时您说的那段话最让我感动。

处在我们这个似懂非懂的年纪，我常常觉得社会有些黑暗和残酷。但正如您所说，我们应该从多个角度去看待这个世界，它依然充满了美好和灿烂。

我希望自己能够永远保持青春的活力，坚定自己的理想信念，不迷失自我，在未来的学习、工作和生活的道路上勇敢地前进。

最后，我衷心地祝福您工作顺利，永远年轻快乐！期待我们下一次的相遇。

我非常珍视这位同学的信，并在征得他的同意后，把它放进了这本书。人生的成功，莫过于充分地成为自己，以真实的样貌过自己的生活，这样才会更加自如、舒展。只有尝遍人生百味，生活才会更加生动、明亮。

不要因为别人交卷了，你就乱填乱写，要敢于拥有自己的节奏。

精神上自信自立的人，总是能踏平坎坷成大道，向着更好的方向，塑造自己、勇敢前进。记得湘军的创立者和统帅曾国藩曾经说过："熬过此关，便可少进，再进再困，再熬再奋，自有亨通精进之日。"

前途是光明的，道路是曲折的，没有那么多天赋异禀，真正的高手，总是翻山越岭，向着光亮那方。

更壮美的诗与远方

十年往往用来划分一个年代,人们也因此常用"90后""00后"来描述一代人。

时间是历史的雕塑家,它镌刻着奋斗的年轮,勾勒出变迁的轨迹。

2012年,中国最大的政治议程是中国共产党召开第十八次全国代表大会,新的中央领导集体向全世界亮相,并做出了庄严承诺:人民对美好生活的向往,就是我们的奋斗目标。

2022年,一百多个月过去了,中国人民所期盼的更好的教育、更稳定的工作、更满意的收入、更可靠的社会保障、更高水平的医疗卫生服务、更舒适的居住条件、更优美的环境,正逐步实现。新时代的中国已经拥有了更为完善的制度保证、更为坚实的物质基础和更为主动的精神力量。新时代十年的伟大变革,最根本的变革,是人的变革。

十年间,中国人民在精神上更加自立自强,拥有在统筹世界第二大经济体的经济发展和应对风险挑战中积淀的定力和勇气,在推进"五位一体"总体布局和"四个全面"战略布局中练就的眼界与胆识,在倡议"一带一路"与构建人类命运共同体的博大视野里养成的胸怀与气度……

扎根中国大地的奋斗者们,在新时代十年的伟大变革中"定义"了自己,"丰富"了自己,"创造"了自己。无数人的命运因此而改变,无数人的梦想因此而实现,无数人的幸福因此而成就。

回望新时代的伟大变革,我们可以清晰看到:这十年,没有躺赢的捷径,只有奋斗的征程。

路遥而不坠心志,行远而不改初衷,这,就是新时代的奋斗号角。每一个不曾起舞的日子,都是对时代的辜负。

置身新时代十年的伟大变革,我们有什么理由不奋袂攘襟再辟新程,又有什么理由不努力追寻诗和远方呢?

哪里才是我们"90后"和"00后"的"诗和远方"?是扁舟一叶,碧波荡漾?是茂林修竹,曲水流觞?这些代表的一个人的内心向往、审美追求的"小美好"无可厚非。

然而,还有一种更壮美的、更深刻的、更辽远的"诗和远方",在等待着少年的你。

这首"诗",是民族复兴的史诗。

这个"远方",是建功立业的地方:在广袤田野,在无垠太空,在西北边疆,在南沙群岛,在"低碳园区",在"智造重镇"。

我们会成为什么样的人，取决于我们的社会关系和生活方式。

按照国家擘画的愿景，当下和未来的日子，何其珍贵！未来将由你我亲历，将由你我把握，将由你我实现！

从璞玉到美玉的雕琢

习近平总书记在中国政法大学考察时说:"青年在成长和奋斗中,会收获成功和喜悦,也会面临困难和压力。要正确对待一时的成败得失,处优而不养尊,受挫而不短志,使顺境逆境都成为人生的财富而不是人生的包袱。……广大青年人人都是一块玉,要时常用真善美来雕琢自己,努力使自己成为高尚的人。"

拥抱美,贵在多思。

思考的方向对了,再邈远也能从容抵达;思考的方式不对,近在眼前的东西也可能雾里看花。

爱美之心,人皆有之。

人天生就喜欢欣赏美、向往美,这是人类的普遍情感,每个人都有追求美的权利。

然而,如果过分追求、过分执着,往往会导致不理想的结果。因此,我们需要思考如何建立一个正确的美丑观念。

建立怎样的美丑观念,这不仅是一个涉及美学的学术问题,许多学者正致力于此，不断探索；同时，它也是一个与社会紧密相关的议题，影响着我们每个人的生活。

我们时时刻刻都在用某种审美观念来审视生活中的每一个人、每一件事、每一句话、每一个行为。

人类的审美意识，其根源可以追溯到人与自然界的相互作用之中。自然界中的色彩、形态、特征，例如壮丽、雄伟、多彩、秀丽、纯净等，都能够给人带来美的体验。

而这也驱使人们不断尝试，通过各种方式来美化自己的外在形象，以期给人留下美好的印象。

真正的美并不局限于外在的装扮和形式，它更是一种内在品质和精神的反映。一个人的美，不仅仅在于外表的光鲜和亮丽，更在于其内心的善良、智慧和勇气。

"腹有诗书气自华"，知识和修养能够赋予一个人一种超越外表的内在魅力。

在我们所处的社会生活中，总会不断地遇到形形色色的人和各种各样的事件，这些丰富的经历不断地塑造和影响着我们的审美观念。

我们应该学会从不同的角度、不同的层面去欣赏和评价一个人或事物的美。这不仅需要具备一定的审美能力，更需要拥有包容和理解的心态，以开放的视角去接纳不同的美。

同时，还应该学会在欣赏美的同时，去理解美的多样性和复杂性,以及它在不同文化和社会背景下的不同表现形式。

潜能无限,青春的脉动总是催人奋进;高山仰止,德行的力量总是能够感染我们的心灵。每个人都有潜在的能力和可能性,而青春正是不断自我挖掘这些潜能的最佳时期。

大自然中,并不存在完全天然的美玉,玉石外面往往包裹着一层层的皮壳,需要经过精心的雕琢和打磨才能显现出其真正的美丽。

青年也是如此,最初都是以璞玉示人,未经雕琢,未显光芒。

正如古语所言,"玉不琢,不成器",璞玉要变为美玉必须经过精心的雕琢,青年在成长的过程中,也必须经过生活的磨砺和挑战,才能逐渐散发出自己的光芒、实现自己的价值。

深刻且纯粹的勇敢

"爱你孤身走暗巷,爱你不跪的模样,爱你对峙过绝望,不肯哭一场……"这首充满激情的《孤勇者》,深刻地唱出了无数人心中那份坚守与倔强。

何为孤勇者?那是一群能够忍受孤独,面对这个世界的残酷与黑暗,却依然勇敢地站立的人。一个"勇"字,为那些身处艰难困苦之中的人注入了无尽的力量。

勇敢并不仅是面对危险时的无畏,更是一种在逆境中坚持自我、不随波逐流的精神。

真正的勇敢者,在生活的重压之下依然能够保持信念,不放弃追求,不屈服于命运的安排。

他们深知,勇敢并非没有恐惧,而是在恐惧面前依然选择勇敢地前行。

勇敢的人明白,生活中的每一次挑战都是成长的契机。他们不畏惧失败,因为失败是通往成功的必经之路。

勇敢的人在失败中吸取教训，在挫折中磨炼意志，他们坚信，只要不放弃，就没有真正的失败。勇敢还意味着在面对不公和不义时，能够坚定地站出来发声，即使这声音微弱，即使这需要付出巨大的代价。

勇敢的人知道，正义需要捍卫，真理需要传播，即使这会让他们面临孤立无援的境地。

勇敢是一种力量，它让我们在黑暗中找到光明，在绝望中看到希望。

勇敢是一种选择，它让我们在生活的每一个十字路口，都能坚定地走向正确的方向。

勇敢是一种责任，它让我们在面对困难和挑战时，能够承担起自己的使命。

勇有大小之分。正如苏轼在《留侯论》中的精彩论断："古之所谓豪杰之士者，必有过人之节。人情有所不能忍者，匹夫见辱，拔剑而起，挺身而斗，此不足为勇也。天下有大勇者，卒然临之而不惊，无故加之而不怒。此其所挟持者甚大，而其志甚远也。"

不逞匹夫之勇、一时之勇，只有胸怀国之大者，才懂得什么是深刻而纯粹的勇敢，才能成为泰山压顶不曾弯腰，粉身碎骨不会动摇的真勇士。

曾子曾经对他的朋友子襄提出了一个关于勇气的问题。他问子襄："你是否渴望成为一个勇敢的人？"接着，曾子分享了他从伟大的孔子那里学到的关于真正勇气的深刻见解。

孔子是这样定义大勇的:"一个人如果能够自我反省,审视自己的内心,发现自己所持的立场并不正义,那么即便面对的是一个地位低下、身份卑微的人,他也绝不会用恐吓或者威胁的方式去对待对方。相反,如果一个人在内心深处反复审视自己,确认自己的立场是正义的,那么即使面对的是一个拥有庞大军队、力量强大的对手,他也会毫不犹豫地勇往直前,不畏惧任何的阻碍和挑战。"

人生的最大危机,不是某种专业技能的缺失,而是生活意义和生活价值的丧失,是勇气的丧失。

催动内力的觉醒

在一部名为《九零后》的电影中，中国科学院院士、中国卫星与返回技术专家王希季先生说："中兴业，需人杰，我就是想做一个人杰。"

到底什么样的人，可以称得上是"人杰"？到底什么样的"人杰"，才能担负起中华民族的家国大业？

曾经，一位十七岁的高中生张威在参加爱国主题教育时，萌发了"到天安门升旗"的心愿。2022年10月1日，二十四岁的他首次担任国庆升旗手，实现了曾经的梦想。

一个高三的女孩，在高考百日誓师时热血发言，真情流露、眼里有光。2007年，这位上海的女高中生黄妍，用了八个月的时间探访了两百多名乞丐，以四十多页的报告向有关部门提出真诚有效的建议。支撑她跑遍火车站、商业街、旅游景点接近这个特殊群体的动力，正是心中那份让社会变得更好的情怀。

她的调查报告显示：有不少乞丐是不愿意自食其力去劳动，甚至依赖乞讨的手段行骗谋生。这些我们肉眼可见的"物质上的乞丐",其本质是"精神上的乞丐",一些人宁愿跪着伸手要,也不要站起来自己创造。

仔细想想,我们身边没有这种"精神上的乞丐"吗?做"精神上的乞丐"能讨来真正的财富吗?

人生最终的价值在于觉醒和思考的能力,而不只在于生存。明朝的开国君主朱元璋做过乞丐,但他没有一辈子做乞丐。生活的风险,命运的坎坷,个人的性格,种种原因造成一些人沦为流浪汉。走投无路一时行乞并不可耻,可耻的是明明可以自己奋斗却选择一直做乞丐,好吃懒做,等待施舍。

路遥的《平凡的世界》是年轻人很喜欢的一本书。他在书中写道:"生活不能等待别人来安排,要自己去争取,不论结果是悲是喜,你总不枉在这世界上活了一场。""命运总是不如愿,但往往在无数的痛苦中,在重重的矛盾和艰辛中,才使人成熟起来。""人处在一种默默奋斗的状态时,精神就会从琐碎生活中得到升华。"……

每个人都有自己的觉醒期,但觉醒的早晚很大概率决定了个人的命运。个人如此,群体亦是如此。

正是百年前中国青年的觉醒,决定了中国人能够把国家和民族的命运牢牢掌握在自己的手中。

当上天赐予我们荒野时,那意味着,我们要成为高飞的雄鹰。

内力的觉醒,孕育着认知的觉醒、血脉的觉醒,让人能量充沛,迈开脚步,有勇有谋。

跑起来就会有风

工作压力沉重时，我喜欢走进森林，在森林中奔跑，大口地呼吸新鲜空气，沉思人生的重大议题。

何为人生之事？无非是饮食、睡眠、健康、休息、生老病死、随手助人、家庭团聚、中考、高考、大学教育、参军、创业、结婚、生育、安家、就业、上课、读书……

只要我们能从中领悟人生的真谛，无论是大事还是小事，都由你自己来定义。

诸葛亮对周公瑾的英年早逝感到惋惜："大英雄壮志未酬，怎能不让天下英雄同悲？"

白居易对琵琶女的遭遇感同身受："转轴拨弦三两声，未成曲调先有情。"

为何即使立场不同，却仍能彼此理解？为何在演奏之前，情感已如此深厚？显然是因为共同的人生经历和理想。

在新时代的今天，我们或许可以这样改写："同是青春奋斗者，相逢相知又相识!"

身处纷扰之中,有时我们会犹豫不决,并非不愿继续奋斗,而是面对诸多不如意,选择暂时停下脚步,进行反思。

我希望通过我的努力,让更多的普通人得到关注和倾听,让更多的生活梦想得到启迪和照亮。

人生真正的价值,并非仅在功成名就的那一刻,更是在于功成名就前后所持的态度,是继续努力、保持本色,还是迷失自我、停止前进,这才是至关重要的。

人生的价值也不仅在于投身于广阔的人海,即使是小池塘,也有其独特的风景。

有这样一位父亲,用一根竹棒,解决了全家的温饱问题,多年来勤勤恳恳,与家人共同营造了温馨的生活,他是"重庆棒棒"冉光辉。

有这样一位阿姨,用一只鹅腿,征服了众多知名高校学生的味蕾,多年来脚踏实地,最终站在了北大创业论坛上,她是海淀"鹅腿阿姨"。

这些普通人的故事充满了温情和力量。大多数人一生平凡,但只要能为家庭、为周围的人带来希望和温暖,这何尝不是另一种形式的,更加实际、现实、触手可及的成功。

正如有关部门拒绝了一位网友提出的"不要让卖菜的老人在早晚高峰带着背筐篓上地铁"的建议。一座城市,既要容纳公文包,也要容纳背筐篓。一个人,既可以站在顶峰风光无限,也可以选择平凡地度过一生。

这样说,并非是让大家降低理想、减少要求,而是希望我们能够放低姿态,脚踏实地。只要我们用心做事、真诚待人,都能收获人生的幸福。

"棒棒叔叔"和"鹅腿阿姨"的成功,从不同角度展示出当下中国的国泰民安、安居乐业和政通人和,向我们证明了,幸福在于点滴奋斗的积累。

生活可能会沉闷,但奔跑起来就会有风,努力奔跑吧,人生是旷野,四面八方都可以是方向。

捕捉美好的力量

理想的状态是根植于自身的,每个人只能描绘自己的蓝图。

我曾憧憬过一种闲适的生活:不忙碌、不疲惫、不厌烦、不焦躁、不抱怨、不后悔,从容地教书,随心所欲地阅读,一点一滴地写作,即使前路漫长,也充满希望。

我希望自己能够光明正大地、坚实地、一步步地向前迈进。

我深信中国的传统智慧,相信好人占多数,相信天道酬勤,重视情谊,崇尚礼尚往来,懂得感恩,敬佩有才华的人,敬畏有道德的人,同情受苦的人。

我是一个容易被善意细节所感动的人。有次在武汉大学培训,我打算去校园的文创店买一个书包。一位穿着墨绿色长裙的五十岁左右的阿姨,帮我取下一个挂在高处的书包。当我拿起这个书包去看其他文创产品时,她轻声对我说:"孩子,稍等一下,我去给你拿一个新的。"只见她优雅转身,走进一间小屋,拿出一个完整塑封的书包。

我把这次小经历告诉同事,她却说:"这有什么好记的,要是我,会觉得这是很正常的。"我笑了笑回答:"但我还是能感受到一份温暖和善良。"

在"中国之声"录制《小康是咋奔出来的》节目时,导演在百忙之中抽出时间,开车带我游览北京城,在中央电视塔最高处的留影至今仍摆在我的学习桌上。

我曾在校园走廊的拐角处,看着两位同学手持政治课本,谈笑风生,落日余晖洒在她们身上,成了一道风景。

在一场家乡推介会上,一位物理学院的同学从文具盒中拿出一张泛黄的卡片,告诉我:"这张卡片记录了我最后一节思政课的内容,它一直伴随着我,这里凝聚着我的青春。"

一次课间,几名学生拦住我,用"山"字行飞花令,起初我还能应对自如,但很快便只能抱头苦思,最终认输了。

这样的"小插曲"还有很多很多,它们像一剂"解药",融入了我繁忙而偶有焦虑的现实生活。

我还收藏了许多小漫画,那是我把写好的故事发给学生后的合作之举。我们为什么做这件事?没有其他原因,只是因为喜欢。

还记得第一次看到她的漫画,我感到非常放松。那时我刚入职,为一个社团征集图案,她交上来的画让人觉得特别清新。漫画是手绘的,我在办公室里惊叹不已,情不自禁地赞叹:"这画的主人,内心世界一定非常美好吧?"

每当有一幅画、一篇文章、一首诗、一句歌词、一个画面、一个细节、一句话触动了我们内心柔软的部分，那么我们应该恭喜自己，捕捉到了力量。

在日常生活中，有些东西是无法摆脱的，时常让人感到无奈和苦涩，但因为有这些可爱的"小插曲"存在，总的来说，我的快乐大于痛苦。

亲爱的同学，不要害怕，不要悲伤，不要沉沦，保护好那些心底的话，慢慢走，一起走，谁也不要落下。

读书之美何处寻

卑俗的美，往往一见触目荡心，再看一览无遗，三看便令人厌烦。高尚的美，则初见时似无足观，或竟嫌其不美，细看则渐入佳境，终令人百看不厌。

读书的美何处寻？到经典中去寻找。

比如，你可以阅读的西方经典：柏拉图的《理想国》、亚里士多德的《政治学》、托马斯·莫尔的《乌托邦》、康帕内拉的《太阳城》、洛克的《政府论》、孟德斯鸠的《论法的精神》、卢梭的《社会契约论》、汉密尔顿等人的《联邦党人文集》、黑格尔的《法哲学原理》、克劳塞维茨的《战争论》、亚当·斯密的《国民财富的性质和原因的研究》、托马斯·罗伯特·马尔萨斯的《人口原理》、约翰·梅纳德·凯恩斯的《就业、利息和货币通论》、约瑟夫·熊彼特的《经济发展理论》、萨缪尔森的《经济学》、米尔顿·弗里德曼的《资本主义与自由》、西蒙·库兹涅茨的《各国的经济增长》等。

这些西方经典"像水银泻地，像丽日当空，像春天之于花卉，像火炬之于黑暗无星之夜"。

读书的美何处寻？到文明中去寻找。

你可以学习的中国文明：先秦子学、两汉经学、魏晋玄学，到隋唐佛学、儒释道合流、宋明理学。在漫漫历史长河中，中华传统文化产生了儒、释、道、墨、名、法、阴阳、农、杂、兵等各家学说，涌现了老子、孔子、庄子、孟子、荀子、韩非子、董仲舒、王充、何晏、王弼、韩愈、周敦颐、程颢、程颐、朱熹、陆九渊、王守仁、李贽、黄宗羲、顾炎武、王夫之、康有为、梁启超、孙中山、鲁迅等一大批思想大家，留下了浩如烟海的文化遗产。

当你虔诚凝望大家之结晶，这些大家必定回之以"奇效"：除躁气，柔内心，驱愚昧，增学识，破自大，立自信，祛迷茫，指前路，育审美，化灵感，医无力，催奋进。

读书的美何处寻？到思想中去寻找。

美国学者海尔布隆纳在他的著作《马克思主义：赞成与反对》中表示，要探索人类社会发展前景，必须向马克思求教，人类社会至今仍然生活在马克思所阐明的发展规律之中。

十月革命一声炮响，给中国送来了马克思列宁主义。陈独秀、李大钊等人积极传播马克思主义，倡导运用马克思主义改造中国社会，许多进步学者都在运用马克思主义进行哲学社会科学研究，为推动社会进步做出贡献。

一个人的气质美，藏在读过的书里面。美，是生命品质的一部分,追求美,也是一种值得终身学习的能力。

读书之美,可以对抗浮躁与喧嚣,让我们达到语言美、思想美、境界美。"读书不觉春已深",相信阅读的力量,你读过的每一本好书,都不会被辜负。

读书,是永不会褪色的美,宛如一万次的春和景明。

比这更美的,便是阅读时的你。

星光璀璨路

为了梦想,你可以坚持多久

2024年10月30日,神舟十九号载人飞船成功启程。此次执行载人飞行任务的三名航天员中,包括两名出生于20世纪90年代的成员。

据统计数据显示,截至2024年神舟十九号发射,中国已累计将二十四名航天员送入太空三十八次。其中,几项"第一"尤为引人注目。

2003年,神舟五号任务中,杨利伟成为中国第一位进入太空的访客。

2008年,神舟七号任务见证了翟志刚成为第一位完成"太空漫步"的中国人。

2012年,神舟九号任务中,刘洋成为中国第一位执行载人航天任务的女性。

2024年,神舟十九号任务中,王浩泽成为我国首位女航天飞行工程师。

……………

这些"第一"的成就背后,是一个人、一个群体、一个民族对梦想不懈追求的体现,它不仅增强了人们的民族自信心和自豪感,还激发了追梦逐梦的无限激情。

为了梦想,你可以坚持努力多久?

神舟十五号载人飞行任务航天员邓清明的答案是二十五年。

他直言:"二十五年是一个十分漫长的过程。作为航天员,坚守飞天初心、永不停歇训练,是我的常态,更是我的姿态。"

我国1998年培育的第一批航天员中,还有人一直在为"飞天"准备着。"靡不有初,鲜克有终",他们的名字虽然鲜为人知,但他们的恒心值得我们致敬!

常言道:"不怕无能,就怕无恒。"成事者必定有一颗矢志不渝的恒心,锚定一个目标,沿着一条道路,鼓足一身气力,用无数次平凡坚定的奋斗,以无数次激情无悔的付出,闯出一片新天地。

为者常成,行者常至。前进道路上,要搬走绊脚石。

一是习惯于对别人的成功之路充满艳羡,对自己的脚下之路却迷茫不已。

二是妄想能毕其功于一役,不愿坐"冷板凳",不敢走"长征路",稍遇挫折就打"退堂鼓"。

三是做不到善始善终,跟着感觉情绪走,紧一阵子松一阵子,缺乏长期主义的责任感。

王安石在其游记中写道:"世之奇伟、瑰怪,非常之观,常在于险远,而人之所罕至焉,故非有志者不能至也。有志矣,不随以止也,然力不足者,亦不能至也。有志与力,而又不随以怠,至于幽暗昏惑而无物以相之,亦不能至也。"

一个理想的时代,必将会平等地照亮每一位前行者的道路。

每个人都有理想和追求,愿我们都能拥有不懈怠的力量,笃定专一走好脚下路,尽心竭力干好手中事。

人生最美丽奇绝的风景,一定与向上攀登的有志者同在。

少年的你,永志不忘

绝世好剑今犹在,不见当年铸剑人。

他是2024年四名"共和国勋章"获得者中唯一没有到场的人,这份象征着最高国家荣誉的奖牌,却再也等不到它的领奖人。

他就是中国工程院首批院士、中国载人航天工程首任总设计师、中国运载火箭和战略导弹的奠基人之一、中国载人航天工程的开创者之一和学术技术带头人王永志。

2024年9月25日8点44分,中国洲际导弹成功在太平洋炸响,全世界为之轰动,外网更是给出超高赞誉,而这一颗东风洲际导弹的背后,离不开钱学森、王永志等老一辈科学家艰苦卓绝的付出。

上中学时,王永志的梦想是当一名农学家。朝鲜战争爆发后,惊闻美军的狂轰滥炸,这个东北少年决定投身国防,于1952年考上清华大学航空系飞机设计专业,后赴莫斯科留学。

学成归来后,王永志成投身我国第一代导弹研制中,最先接触的是东风二号。

面对技术难题，三十岁的王永志鼓起勇气敲响了发射场技术最高决策人钱学森的房门，阐述了他的解决方案。1964年6月29日，东风二号呼啸着点火起飞，果然命中预定目标，飞行试验验证了王永志建议的正确性。

送中国人上太空，是王永志晚年最大的梦想。他深知，这是中华民族千百年来的梦想，也是国家强盛的象征。

从前做火箭总设计师、导弹总设计师，是王永志的本行。但是到了载人航天，系统截然不同，载人技术的难度绝非一般技术可以比拟。

王永志边干边学，紧跟科技前沿，刻苦钻研，上百本工作笔记，都夹着字条，记录与同事的思考与讨论过程中都有什么问题，怎样解决。

就这样，在载人航天事业上倾注了无数心血后，终于在2003年，王永志带领团队实现了这一伟大梦想。

中国人首次进入太空，标志着我国成为世界上第三个独立掌握载人航天技术的国家。

研制战略导弹，研发运载火箭，送中国人上太空并筹建"天宫"……这是他用一辈子干的三件事。每一件事都可谓惊天动地，足以让一个人穷其一生。

斯人已去，风范永存。

当我们仰望苍穹，那颗编号为46669的小行星——"王永志星"，仿佛在对我们说：少年的你啊，永志不忘强国梦。

上天下海的那些人

鲁迅先生曾说:"青年又何须寻那挂着金字招牌的导师呢？不如寻朋友，联合起来，同向着似乎可以生存的方向走。"

今天我和大家分享几位曾经上天下海的朋友，先卖个关子，请读者朋友们猜猜他们是谁。

第一位登场的是天上回来的青年，他出生在云南保山，学生时代的他就特别勤奋刻苦，树立了崇高理想。

2003年，在他还是高二学生的那一年，他从校园广播听到了搭载着杨利伟的神舟五号载人飞船发射成功的消息，感到非常振奋。他激动地想，如果能够成为一名航天员进入太空一定很酷。

找准目标的他，一股劲扎了进去。两年后，他考入了北京航空航天大学，一路攻读博士到学位，并成为宇航学院的一名高校教师，再到后来成为神舟十六号乘组航天员。

猜出他是谁了吗？他就是桂海潮，一名"上过天"的青年教师。

请查收他对大家的寄语："不妨看得远一些，把成长的目标定得长一些，就不会落入短平快的成绩陷阱，更不会为眼前的困难失败一蹶不振。让自己沉下心，持续用功，学好知识本领，培养深入思考的能力，努力向下扎根，积累向上生长的磅礴力量。"

第二位，是中国跑得最快的青年。他是中国著名田径短跑运动员，是中国男子田径100米纪录保持者，多次刷新中国短跑纪录，被誉为"中国飞人"。

他就是人称"苏神"的苏炳添。赛场之外，苏炳添还有一个身份，就是暨南大学教师。

作为领跑者，他对同学们的寄语是："同学们在人生的百米赛道上可能会遇到各种各样的困难，但不到最后一刻，永远不要放弃！要与新时代同向同行，努力奔跑，刻苦学习，以'更快、更高、更强'的姿态，一起向未来！"

第三位，是"登峰造极""潜入深海"的青年。同学们应该都知道地球四极，分别是南极、北极、第三极（珠穆朗玛峰）、第四极（马里亚纳海沟）。大多数人有生之年能抵达其中的一极，已是毕生难忘的经历。而这位青年已经成功"集齐"了其中三极。

大家在电视上见到过"奋斗者"号载人潜水器，这件大国重器能向着万米深海勇往直"潜"。当然，载人深潜，不是只为"扎个猛子"，而是为了探索神秘而美妙的深海里中蕴藏着怎样的秘密。

这位青年正是深潜科考队伍的一员，主要研究领域是深海微生物。她就是上海交通大学深部生命国际研究中心的张宇，她还有更多蓝色的硬核浪漫故事，等待大家去阅读。

她对同学们的寄语是："不管你们以后从事什么行业，一定要选择自己真正喜欢的事情。一旦你找到了热爱，你会发现一切都是那么有趣，会心甘情愿地付出自己所有精力。当然，既然你选择做某件事，就一定要严格要求自己。"

我们分享他们的传奇故事，并不只为了解他们闪光的人生，更为擦亮我们自己的梦想。愿我们和他们一样，既有勇气追光，也有能力成为别人的光。

学习英雄，成为英雄

"让我们以英雄模范为榜样，汇聚起共襄强国建设的磅礴力量。"

有人说："一个没有英雄的民族是不幸的，一个有英雄却不知敬重爱惜的民族是不可救药的。"还有人说："要了解一个民族，就要看他们崇拜的英雄是谁。同样，要看一个青年是否能够担当家国大任，就要看这个青年崇拜的英雄是谁。就要看哪些闪亮的名字，住进了青年的精神世界。"

王永志、王振义、李振声、黄宗德这些最闪亮的名字，这些中华民族的脊梁，虽然我们未曾与他们谋面，但无论是过去、现在还是将来，不仅是我们，还有我们的子子孙孙，都将受其恩泽。他们做出的巨大贡献，对普通人来说看似遥远，实则触手可及。

这些英雄之所以能成为我们民族最闪亮的星，成为我们中国人特别是中国的青年最应该追随的"星"，是因为他们始终以国家富强为己任，以人民幸福为追求。

希望国家好、民族好、社会好、大家好，怀有这样念头和愿望的人，大都值得人们尊敬。

英雄的生平启示我们，人，应该生活得高尚。我相信，大多数青年都有一颗向上的心，都渴望摆脱冷漠，向上攀登。那么，如何才能走向崇高呢？

首先，要自我反省，自重自爱。我觉得毛泽东同志在纪念白求恩医生的文章中的一句话，或许可以作为自我反省自重的标准："一个高尚的人，一个纯粹的人，一个有道德的人，一个脱离了低级趣味的人，一个有益于人民的人。"

其次是敬重专业。在学习、工作、生活中，我们大多数人都需要学习新知识、掌握新技能。这便要主动适应时代发展的新要求，练就真本领，掌握硬功夫，深入钻研，努力成为行家里手。

当我们敬重自己的专业、职业、事业并精心耕耘时，反过来也会收获更多尊重。

最后是甘当学生。

与知识学习相比，品格的学习更为重要、基础和深刻。在品格学习上，我们要甘当学生，见贤思齐。

"共和国勋章"获得者们，即使没有国家荣誉的加持，他们的身上也闪耀着人格的魅力——忠诚、执着、朴实。有幸与他们接触过的人，都会受益匪浅、深受感动，他们值得我们真正地学习、持久地学习！

学习他们胸怀强国之志，在时代潮流中展现人生风采；学习他们锤炼强国技能,在干事创业中推动社会进步;学习他们勇建强国之功,在家国大义上共创人间奇迹。

把自己安排好,不辜负每一个充满希望的清晨。

让人格实现清明,给生活增添力量。人生的幸福,在于理想与能力的平衡。正所谓舍得责己,而后信己。

在运动中遇见更好的自己

对于中国人来说，奥运会不仅是一项国际体育盛事，还承载着厚重的历史意义和民族情感。

一百多年前，贫穷和落后的旧中国，一群具有远见卓识的知识分子开始探索一条救国救民的道路，他们将目光投向了刚刚兴起的现代奥林匹克运动会。

那个时代，中国的普通民众连基本的温饱问题都难以解决，更不用说参与体育运动、取得优异成绩了。

而这群人石破天惊地提出了著名的"奥运三问"：中国何时能派遣运动员参加奥运会？中国运动员何时能赢得奥运奖牌？中国何时能举办奥运会？

这三个问题，不仅反映了有识之士的渴望和期盼，也成为激励一代又一代中国人的动力。

1932年，短跑运动员刘长春成为首位正式代表中国参加奥运会的运动员。《大公报》对此发表评论："我中华健儿，此次单刀赴会，万里关山,此刻国运艰难,愿诸君奋勇向前,后辈远离这般苦难!"

这番话不仅表达了中国人对刘长春参加奥运会的期望,也寄托了整个民族对于未来的憧憬和希望。

1983年,刘长春不幸逝世。颇有缘分的是,一百一十天后,一个未来的著名中国飞人——刘翔诞生了。而到了1984年,射击运动员许海峰终于为中国夺得了第一块奥运金牌。

2008年8月8日,第29届夏季奥林匹克运动会在北京隆重开幕,百年来的疑问终于得到了圆满的解答。这一天也被定为"全民健身日",以鼓励更多的人参与到体育运动中来。

早在1917年,毛泽东同志就在《新青年》杂志上发表了《体育之研究》一文。文章开篇即指出:"国力苶弱,武风不振,民族体质日趋轻细。此甚可忧之现象也。"他深刻地强调了体育对于国家强盛的重要性。对于青年的成长,他提出了要"文明其精神,野蛮其体魄"的理念。

来自广东湛江的全红婵,在本次巴黎奥运会上再次爆火。她七岁开始学习跳水,十一岁加入广东省跳水队,十三岁入选国家队。她加入国家队尚不满一年,便参加了东京奥运会,并一举成名。这位充满斗志的年轻选手,成为当年东京奥运会中国代表团中最年轻的奥运冠军,展现了中国新一代运动员的风采和潜力。

"完全人格,首在体育。"这是蔡元培先生对学生们的寄语,他希望学生们能够具备"狮子般的体力,猴子般的敏捷,骆驼样的精神",这也是他认为现代学生必须具备的基本素质。

没有人能够永远年轻,但总有年轻人在成长。中国的"00后"在奥运舞台上开创了属于他们的时代!

没有哪一种胜利是"立等可取"的,一切都需要我们自己去争取,期待我们共同在运动中、在奋斗中遇见,遇见一群更高、更快、更强、更团结的中国少年。

亚运会的眼泪

竞技体育虽然残酷,每一个积分、每一秒的差距都可能带来截然不同的结果,但同样会传递温暖。赛场上的那些感人瞬间,总能触动人心。

今天,让我们一起回顾那些在杭州亚运会上令人动容的泪水,以及赛场内外涌动的爱国情、家乡情和亲人情。

日本游泳运动员池江璃花子克服白血病的挑战,站上了杭州亚运会领奖台。张雨霏与她紧紧相拥,泣不成声,这一幕感动了现场的每一位观众,他们纷纷报以热烈的掌声。杭州奥体中心游泳馆的大屏幕上,也播放了池江璃花子与病魔斗争的视频,以及张雨霏等运动员给予她鼓励的片段。

杭州亚运首金得主中国运动员邹佳琪在中秋佳节回到家中,与一年半未见的奶奶紧紧拥抱。这位"00后"姑娘的手上布满了老茧和伤疤,这是她长期训练留下的痕迹。由于赛艇项目不允许戴手套,她的双手长时间与桨摩擦,起泡、流血不可避免,久而久之形成了老茧。

来自农村的林雨薇在亚运会田径项目中不声不响逆袭夺冠,她低调而朴实,感恩且奋进。夺冠后,她向观众鞠躬致谢,在接受媒体采访时,提及恩师,她几度哽咽,泣不成声。

镜头外,父亲激动地流下了泪水,尤溪老家的村民们为她感到骄傲。乡亲们为她准备了盛大的欢迎仪式,摆满了鲜花,拉起了横幅,在篮球场上为她庆祝,展现出中国农民淳朴浓重的情感。

在亚运会4×100米接力决赛的最后一棒中,亚运田径冠军、中国运动员陈佳鹏反超日本选手,给观众带来了巨大的视觉震撼。运动会后,当载着陈佳鹏的汽车驶入他位于四平的老家小区时,鞭炮齐鸣,居民们热情迎接,争相拍照。

看到儿子,妈妈激动地流下了眼泪,陈佳鹏把妈妈搂在怀里,帮她擦拭眼泪。在荣誉面前,他不忘母亲的恩情,既为国家争光,也为家庭争得了荣耀。

还记得亚运会开幕式现场,众多表演者通过自己的表演向世界展示了杭州亚运会"我们新时代·杭州新亚运"的定位,和"我们特色、亚洲风采、精彩纷呈"的目标。

表演过程中,一些演员因投入而流下了泪水。这些泪水不仅是他们内心情感的流露,更代表着他们对亚洲文化的热爱和对艺术的执着追求。

大文豪福楼拜曾经形容眼泪是"身体输掉的战争",但涌动着真情的泪水,任谁也无法藏住。

　　眼泪是情感所化,让我们学着把眼泪像珍珠一样珍藏,贮存在走向远方的那一天流淌。

做那些真正酷的事情

我们现在经历的很多事情，遇到的很多人，很大一部分都是自己前几年的决定而导致的。

中国香港演员刘德华在"中国UP"的一场演讲中提到，自己会在新的一本日历的第一页郑重写下新年的日期，认真签名，并记录下起床的时间，这标志着他2024年的正式开始。他说："我将不再选择那些给观众带来负能量的戏。"

聆听他的演讲，我感受到了一股真诚而坚定的力量。

和刘德华一样，我一直认为每个新年，都是一次光明的邀约，我欣然接受，并与时间签订一份契约，决心在心灵深处保持一片"春和景明"，保持对未来的期待和喜悦。我决定不再做那些可能带给他人负面情绪的事情。

作为一名从事青少年思想教育工作的老师，刘德华的演讲中对我最具启发性的一句话是："每个时代都会面临新的挑战。今天的年轻人，他们自有智慧去面对和解决。"

刘德华已经六十多岁，他一直坚定地支持年轻人，陪伴他们不断前行，不断在人生的道路上奔跑。

《流浪地球2》中，有一句台词颇具"愚公移山"的精神："我信，我的孩子会信，孩子的孩子也会信。我相信我们终将再次看到蓝天，看到鲜花盛开的枝头。"

我将"我信"作为一种生活态度，作为我面对困难时战胜一切的武器。

我相信，头顶上空依旧会有蓝天，脚下依旧会有山川。因为我对未来永远充满敬意，对青春永远怀有好感。

年龄的增长和经历的丰富，如果让人心变得"叵测"，那便是成长的失败。

从刘德华身上，我看到了成熟的标志之一：不为难身边的人，不为难后来者，而是与他们一起相信蓝天，一起奔向山川。

在金庸的武侠著作《侠客行》中，关东四侠为了报答石破天的救命之恩，热情款待石破天和叮叮当当。宴席上，高三娘子得知石破天是赏善罚恶二使的三弟后，在酒中下毒。叮叮当当识破了她的阴谋，抢过酒杯说："这就是江湖险恶，人心叵测。"石破天看了看毒酒，回应道："不是人心叵测，而是叵测害了人心。"随后他一饮而尽。关东众侠无不为他的胸怀和纯真所折服。

刘德华在演讲中还提出了一个宝贵的建议："有些东西一旦失去，回头寻找或许还能找回，但机会不会原路返回等你。虽然有压力,但无须因此懊恼。你始终要跟随内心的正念前行。要改变,要认真做好每一件小事。只有流着汗水的付出,才能证明成功不是幻觉。"

我们不愿意立刻去做的事,恰恰可能是最应该做的事。有些事情看似很酷,其实并没有什么难度。更酷的是那些不容易做到的事情,比如持续的阅读、科学的健身、走心的旅行,那些在常人眼里无趣且难以坚持的事情。

放弃容易,坚持很酷,多去做很酷的事情吧,做一个更酷的人。

一起画个圆吧

圆是什么？

圆是我们怀里的一枚硬币，是诗人笔下的长河落日，是3.1415926无限不循环的浪漫，是奥运五环的环环相扣，是仰头可观的良辰月景，是小巧软糯的美味佳肴，是国宝文物的匠心雕琢，是水面清圆——风荷举，是绕太阳而行的地球。

圆是努力拼来的全面小康，是美好梦想的水到渠成，是善意美好的兜兜转转，是一把"领会科学思维"的钥匙。

中国人不仅对圆的浪漫美学情有独钟，钻研圆的数学之理也一直走在世界前列。中国南北朝时期的祖冲之推算的圆周率，为什么直至今日仍然具有适用性？因为基于实践的科学思维客观地反映了认识对象，把握了其内在的客观规律，而客观规律是不以人的意志为转移的。

阿基米德曾留下遗言："别打扰我的圆圈。"因"圆"际会，3月14日不仅是国际圆周率日，还是爱因斯坦的生日，马克思和霍金的逝去之日。

你的年龄，你的生日，你为之雀跃或黯然的节日、纪念日，你的手机号码，你取得的分数，你行经的世界半径，你与所爱之人间隔的距离……都蕴藏在这一个有着无限可能的数字宇宙中。

圆，这个自然界中常见的曲线，在中国古老的文化中，象征和谐、寓意圆满，寄托着人们对美好生活的热烈向往，是中式美学与哲学精髓的经典统一。

每个人的世界都是一个圆，学习成就就像是半径，半径越大，拥有的世界就越广阔。

司马光，北宋时期著名的政治家、史学家，以严谨的治学态度和卓越的学术成就，成为后人敬仰的典范。他编纂的《资治通鉴》是中国历史上第一部编年体通史，影响深远。司马光之所以能够取得如此巨大的成就，与他少年时期的刻苦学习和不断求索密不可分。

圆木警枕的故事，讲的是司马光为了防止睡眠时间过长影响自己编书，便用圆木做个枕头，稍微一动，木头就会滚动，使他惊醒，继续工作。

这种勤奋刻苦、持之以恒的精神，正是他成就大业的基石。司马光的故事告诉我们，要想在人生的道路上走得更远，就必须具备坚韧不拔的意志，并不懈地努力。

这种精神在任何时代，都会让人闪闪发光。无论是学习、工作还是生活，面对各种挑战和困难，只有不断地学习新知、提升自我，才能不断进步,实现自己的梦想。

正如圆周率一样,无限延伸,永无止境,人生也应如此,不断追求卓越,不断超越自我。

愿我们都能找准理想信念的圆心,拓展思维能力的半径,以一往无前的奋斗姿态,勾勒出珍贵人生的唯美弧线。

那些"火出圈"的高校

大学生、高校，这样的字眼在网上，总容易受到更多关注，因此，每当网络上出现大量针对著名高等学府的负面帖文和短视频时，其内容毫无例外地都被舆论广泛传播和炒作。

作为一名教育工作者，我始终对教育事业方面的新闻深切关注，我觉得自己有责任向同学们传递一个教育者的个人观点。

首先，高校作为人才培养基地，承载着社会的高期望。然而，关于高校的负面新闻不断在互联网上涌现、发酵，引起大量青年学子热议。如鼠头鸭脖事件、学术妲己争议、地铁偷拍丑闻以及性丑闻等，诸多事件一波未平一波又起。

面对强大的舆论压力，高校应该抓住机会进行自我革新，主动接受社会的监督，加强师德建设，改善校园风气。而不是以高高在上的态度简单回应问题，或仅发表一个声明敷衍了事。更不能因为一时的怨愤，指责公众愚昧无知，从而在自己与社会大众之间筑起一道隔绝的高墙。

其次，权威媒体在报道时应当保持客观和理智，公正无私，不应一味地压制类似的舆论声音。

媒体应该看到，民众对高校的批评和关注，实际上反映出的是他们朴素的价值观和期望。公众对高校的要求并不高，他们只是希望无论哪一级别的学校，都能够坚守人民的立场，巩固爱国的根基。

高校的毕业典礼是一场非常重要的活动，它不仅是高校给毕业生们上的最后一课，也是高校向整个社会展示其教育成果的时刻。毕业典礼上校长的致辞往往受到社会各界的广泛关注，人们心中都有一把尺子来衡量其内容的深度和广度。

西安交通大学的王树国校长在毕业典礼上全程脱稿，他关于"一个人不能熄灭品格的光"的深情寄语，感动了无数人。

中国科学院大学的周琪校长在致辞中提到黄令仪女士时所说的那句"我这辈子最大的心愿就是匍匐在地，擦干祖国身上的耻辱"，令在场的人无不为之动容。

社会对教育者和受教育者所抱有的期待是真诚、爱国和具有远大格局的。

最后，不妨来看看国防科技大学招生办公室发布的声明，是怎样充分展现出一所大学宽广的视野和格局的——

我们所期望的优质生源，除了高考分数、政治考核、

面试、体检这些硬性指标外，还应该具备思想上进、志向远大，意志坚强、不怕吃苦，遵纪守法、自律自强等素质条件。

人性的光辉

在我所教授的一堂课程中,我向学生们阐述了这样一个观点:在低级的社会形态中,人们往往缺乏动力去改进他们所处的社会环境,因为他们从未有机会见识到其他不同的社会模式。这样的种族即便置身于一个物质条件极为优越的环境中,也难以实现真正的繁荣和昌盛。

课程结束后,有位学生向我提出了一个问题。

"老师,是不是因为您教授政治学,所以您信仰共产主义?"我沉思了一下,回答道:"不,恰恰相反,是因为我信仰共产主义,所以我选择了教授政治学。"

学生继续追问:"那么,您为什么信仰共产主义呢?"

我回答他:"因为我相信你们,相信我们每一个人都拥有向上向善的力量,相信我们作为人类,有能力与这个世界的美好事物紧密相连,共同创造一个更加公正和谐的社会。"

共产主义是一种理想信念,是一种社会制度,也是一种现实运动，它倡导消除阶级差异，实现生产资料公有制，从而达到人人平等、自由发展的理想状态。

在这样的社会中，人们不再为生存而斗争，而是为了实现自我价值和共同的福祉而努力。

在理想的共产主义社会里，教育、医疗、住房等基本生活需求将得到充分保障，人们可以根据自己的兴趣和能力选择工作，而不是被迫为了生计而从事不喜欢的职业。

这样的社会环境鼓励创新和个性发展，每个人都有机会展示自己的才华。

没有人会把自私、利己的一面定义为人性中光辉的部分，那是人身上的动物性。没有任何一种正大光明的教育会教导人要自私、要利己、要私人占有，一切正大光明的教育都希望人可以弘扬人性中光辉的一面。

自古以来，人性之中就有"向上"和"向善"的要求，无论人类社会在生产力层面发生了多么大的跃升式进步，人类始终都是有着向往美好社会的内在要求的。

公共厕所有特别多的卫生纸，超市里有足够多的免费塑料袋，但总会有个别极其自私的人往家里拽。这背后有着人性等深层原因，但在向善向美的社会中是势必会消失的现象。

当然，实现共产主义社会并非没有挑战。我们仍然面临着资源分配不均、环境污染、社会不公等诸多问题。

但正是这些挑战，激发了我们不断探索和创新的动力。

我们相信，通过不懈的努力和智慧的积累，人类终能够构建一个更加公平、更加美好的社会。

我们每个人的行为和选择，都在以某种方式影响着社会的发展方向。

因此，我们应当以更加积极的状态，去理解和实践共产主义的理念，共同为实现人类社会的共同理想而努力。

减少埋怨，琢磨不断

我们在面对生活中的困难和挑战时，应当尽量减少无谓的埋怨，更多地去深入思考和琢磨问题。

无论是学生还是上班族，无论是在学习还是工作中，都难免会遇到各种各样的问题和困惑，这时候，要冷静下来分析，运用智慧去思考问题的解决办法，而不是一味地抱怨和发泄情绪。

一位语文老师曾向我表达过他的不满："这一章我真是不愿意讲，《中国人民站起来了》《焦裕禄》《长征》，我自己读完都没什么感觉。"

我开导她说："我看过易中天老师在百家讲坛中讲《三国演义》，他提出历史形象、文学形象、民间形象，对我启发很大。可以试着从背景里深挖文章的内涵试试。"

教材承载着国家意志，平心而论，一部作品选进教材，其文学价值、政治价值、学科价值到育人价值应该是比较典型的，不要先入为主，不要刻板印象，认为这文章的某种色彩太浓厚了，自己读完没有感觉大概率还是因为知之较浅。

知之深，才能爱之切嘛。

焦裕禄，一个在中国家喻户晓的名字，中国共产党的优秀党员，曾任兰考县委书记。在任期间，他带领全县人民与自然灾害做斗争，致力于改变兰考的贫困面貌。

焦裕禄同志以身作则，深入基层，与群众同甘共苦，他的事迹和精神深深感动了无数人。

他的一生虽然短暂，精神却如同璀璨的星辰，照亮了后人前行的道路。他的事迹被广泛传颂，成为激励人们奋斗不息的精神财富。

"他生病了，我们都能看出来。那次回来是告别，是告别。"如果不了解焦裕禄的前半生，就不会理解焦裕禄做出的选择。他的一生充满了挑战和磨难，但他从未放弃过，始终坚持着自己的信念和理想。

他早已拥有"强悍"的人生。他在日军控制的黑煤窑里九死一生，在家乡的土地上参与解放县城，在土匪遍地的村里躲暗杀、斗匪首……他是一位在生活的磨难中锤炼出来的战士。

淄博焦裕禄干部教育学院副院长焦玉星说："看待焦裕禄，不能仅把他看作一位优秀的县委书记。在职务之外，他的精神力量、人格光辉才是留给后人的宝贵财富。"

在学习和工作中，我们要学会积极面对问题，不断探索和创新，这样才能不断进步。

　　正如焦裕禄同志面对重重困难，始终不放弃，坚持信念，我们在自己的岗位上，无论遇到什么挑战，都要保持坚定的意志和积极的态度。

《诗经》何以惊艳三千年

我很喜欢读《诗经》。

《诗经》作为中国最早的诗歌总集,不仅承载着丰富的历史和文化价值,更是中华民族情感与智慧的结晶。

《诗经》分为"风""雅""颂"三个部分,其中"风"收录了各地的民歌,反映了古代社会的风土人情;"雅"和"颂"则包含了宫廷音乐和祭祀歌曲,体现了当时社会的礼仪制度和宗教信仰。

众多名篇如《关雎》《蒹葭》《桃夭》等篇章,都以其质朴的语言和真挚的情感,打动了无数读者的心。

这些诗篇不仅在文学史上具有极高的艺术成就,更在思想上蕴含了深厚的道德观念和人生哲理。

学习《诗经》不仅是为了欣赏它的文学美,更重要的是通过阅读和理解这些古诗,可以更好地把握中华民族的文化脉络,领略先民们的生活智慧和情感表达。

通过深入学习,我们能够将这些美的情感体验转化为对善的理性认知，从而在个人修养和道德实践上得到提升。

《诗经》的落脚是经，不仅仅是诗。《礼记》记载："入其国，其教可知也。其为人也温柔敦厚，《诗》教也。"

《诗经》通过比喻、联想等文学手段感发人的心志情意，使人从美的情感体验上升到善的理性认知，在性情、人格与精神境界方面得到塑造。

"子曰诗云"具有重要的经学意义。"子曰诗云"不仅是一种表达方式，其实也是一种文体、一种思维方式、一种教化方式。

《诗经》的教化作用，不仅限于文学领域，它更是一种道德和哲学的载体。通过阅读《诗经》，人们可以学习到如何以温柔敦厚的态度对待他人，如何在日常生活中实践"明明德"的理念，从而在个人修养上达到更高的层次。

在《诗经》的篇章中，我们可以看到许多关于人伦关系、社会秩序和自然法则的描述，这些内容不仅丰富了我们的精神世界，也为我们提供了处理现实问题的智慧，教会我们如何在复杂的社会环境中保持内心的平和与善良。

《桃夭》《硕鼠》等篇章，以其独特的视角和深刻的内涵，影响了中国几千年的文化和思想。现代社会变化万千，面临着各种挑战和诱惑，《诗经》所蕴含的智慧依然具有现实意义。它提醒我们，在追求物质生活的同时，不应忽视精神世界的充实和道德修养的提升。

做个心地光明的人

嘉靖七年（公元1528年），五十七岁的王阳明在担任两广总督期间，旧有的咳嗽和痢疾突然恶化。他有一种不祥的预感，因此在上书请求退休后，没有等待朝廷的正式批复，便自行决定乘船从梧州出发，经由广东韶关、南雄向北行进。

他打算在等待朝廷批准的同时，启程返回家乡。离开广东时，他的学生、布政使王大用担心旅途中可能发生变故，特意为老师准备了一口棺材，跟随在船后。

十一月二十五日，船只越过梅岭抵达江西南安。府推官周积得知阳明到来，便前来拜见。阳明起身坐定，咳嗽不止，自言"病情危急，唯一支撑着的，是元气尚存"。

由于病情急剧恶化，王阳明在南安停留了五天，无法继续前行。二十九日的辰时，他召见周积进入船舱，此时已无法言语。

良久，他睁开眼睛看着周积说："我要走了。"

周积泪流满面，问道："先生有何遗言？"

阳明微微一笑，回答："此心光明，亦复何言！"至此，他闭上眼睛，安详离世。

志向所向，无论多远都能抵达，靠的是内心持有一以贯之的力量，始终保持勇敢、坚毅、诚实和正直，这是王阳明志向所在，他做到了。

朱熹在《答吕伯恭书》中提道："圣贤之心，大抵是正大光明，通透无碍的。"

"月色在征尘中暗淡，马蹄下迸裂着火星。越河溪水，被踏碎的月影闪着银光，电火送着马蹄，消失在希微的灯光中。"这是关向应的《征途》。

这首诗撷取革命军队月夜急行军的片段，用优美的语言凝固了漫漫征途中的一个瞬间。

古往今来，肩负使命踏上征途的人，总不忘以诗抒怀，以诗明志。岳飞的《池州翠微亭》也是这样的明志之作："经年尘土满征衣，特特寻芳上翠微。好水好山看不足，马蹄催趁月明归。"

同样的征尘，同样的马蹄，同样的月光，不同的时代，爱国精神却是一脉相承的。人虽然暂时处于黑暗的阴影中，但心是火热光明的，唯有奋起抗争，才能守护天下苍生与大好河山。

在历史的长河中，无数英雄豪杰以笔为剑，以诗为盾，抒发着他们对国家和民族的热爱与忠诚。如文天祥的《过零丁洋》："辛苦遭逢起一经，干戈寥落四周星。山河破碎风飘絮，身世浮沉雨打萍。"

我们今天所处的时代,虽然没有硝烟弥漫的战场,但每个人都有自己的征途,都有需要跨越的山川河流。

我们或许不会用诗来表达,但那份对美好生活的向往和对未来的憧憬,同样需要我们用行动去书写。

就让理想之光,成为指引我们前进的灯塔。

流行语的打开方式

日常生活中，语言不仅是我们交流思想和感情的工具，更承载着丰富的文化内涵。流行语的兴起，往往与特定的时代背景有着密不可分的联系，它们如同一面镜子，映照出社会的变迁，记录了文化的演进历程。

每一个流行语的背后，都隐藏着一段历史，一段故事，它们或带有幽默色彩，或带有讽刺意味，或深刻地反映了社会现实，它们映射出社会的多样性以及人们复杂的情感状态。

通过流行语，我们可以窥探一个时代的风貌，感受时代的脉动，从而更深刻地理解我们所处的社会环境。

以"双向奔赴"为例。在我的思政课堂上，最打动同学的并非是那些短视频、小图画或刺激性新闻引起的短暂注意力和热闹，而是那些真理的透彻学理、逻辑哲理、崇高道义、善良美好的特质，真正吸引了他们，让他们沉思，获得一种快乐，一种愉悦，一种通过更高难度的进阶习得的智慧的愉悦，我称此为精神食粮的"双向奔赴"。

再比如"特种兵式旅游"。这是青春中一场难得的奔走,踏出脚步的那一刻,地图逐渐从平面变得立体。这得益于我国交通等基础设施的完善,青年学生将"读万卷书"和"行万里路"有机结合,降低了出行成本,也强化了身体素质,更磨砺了精神意志。通过游览祖国的大好河山,去感受不同地域的自然文化、历史文化、饮食文化,潜移默化之间增强文化自信,让青春的足迹遍布祖国的每一个角落。

流行语在文化界更多姿多彩,"受了委屈的陶俑""无语的菩萨""心事重重的佛像"……越来越多形态生动、富有喜感的文物走红,被网友亲切地称为"博物馆显眼包"。越来越多的博物馆加入,纷纷站出来宣传自家的"显眼包",为当下的文博热添了一把火,让文物以一种全新的方式与公众互动,拉近了历史与现实的距离。

流行语的出现和变迁,凝聚了社会发展和创新创造的精神缩影。流行下来的语言与文字,源自客观现实的源头,也反映了社会百态与风土人情。

在流行语中听见百姓心声,洞见社会现象,无疑是一件令人愉悦的事。它们不仅丰富了时下的语言表达,也让我们的交流更加生动有趣,展现出汉语的活力和时代的脉搏。

脚踏实地感受生活

把138亿年的宇宙历史压缩到一年

如果我们将138亿年的宇宙历史压缩成一年的时间跨度,那么人类的出现将会是在这一年的哪一个月份呢?

根据这种时间比例的换算,人类的出现被定位在12月31日的夜晚。这一比喻强调了自然界本质上是物质的,它具有先在性、前提性、客观物质性以及规律性。

那么,如果将人类的历史也按照同样的比例压缩到一年之中,在这12个月的时间里,人类社会又经历了哪些重要的事件呢?

在这一年的第一个月,哥白尼提出了日心说,颠覆了当时的世界观。到了2月,伽利略发明了天文望远镜,为人类探索宇宙打开了新的窗口。

宋应星在3月完成了《天工开物》,记录了古代中国的科技成就。4月份,牛顿发现了万有引力定律,为经典物理学的发展奠定了基础。

5月至9月,人类社会经历了两次工业革命,极大地推动了社会生产力的发展。

而到了这一年的最后一个月，即12月，人类成功搭建了自己的空间站，这象征着人类在最后一秒钟迸发出的生命力和创造力。

这两张年历不仅让我们看到了人类在宇宙中的渺小，也让我们看到了人类文明的辉煌时刻。

人的意识是物质世界长期发展的结果，是自然界长期演化的产物，也是人类社会长期进步的结晶。

人的意识是人脑机能的体现，人脑作为意识产生的物质器官，拥有产生意识的生理基础。

举个例子，龙的形象是如何形成的呢？龙是中国古代神话传说中的吉祥神兽。人们从自然界中真实存在的各种动物身上汲取灵感，通过人脑的综合与再造，创造出了"角似鹿、头似驼、眼似兔、项似蛇、腹似蜃、鳞似鱼、爪似鹰、掌似虎、耳似牛"的龙的外在形象。

在长达五千年的历史长河中，龙逐渐演变成为中华民族的精神象征和文化符号，它代表着吉祥、力量和智慧。

鲁迅先生在《叶紫作〈丰收〉序》中写道："描神画鬼，毫无对证，本来可以专靠了神思，所谓'天马行空'似的挥写了，然而他们写出来的，也不过是三只眼，长颈子，就是在常见的人体上，增加了眼睛一只，增长了颈子二三尺而已。"

纵观以上几个例子，我们可以认识到：世界的真正统一性在于它的物质性，无论是自然界、人类社会还是人的主观世界，都是由客观物质所决定的。

所以，当你遇到了什么心事，不妨把它们投射回客观存在的实际情况，保持耐心，实事求是，找到解决问题的那把钥匙。

珍惜你的名字

你叫什么名字？这是所有故事的起点。

在浩瀚的人海中，中国人赋予自己的名字，往往蕴含着正义与从容。

有些名字，一瞥之下，便难以忘怀。比如大诗人白居易，他的弟弟名为白行简，居易与行简，相得益彰。民族英雄林则徐，其名寓意着效仿姓徐的良官，为民造福。

在近现代文学史上，叶圣陶、沈雁冰、瞿秋白、闻一多等名字熠熠生辉。屠呦呦，这位青蒿素的发现者，其名取自《诗经》中的"呦呦鹿鸣，食野之苹"。

而"何曾惧""莫等闲""边关月""一点浩然气，千里快哉风""梧桐更兼细雨，到黄昏、点点滴滴"等，也成了当下许多父母为孩子取名的灵感之源。

有位父亲为他的双胞胎子女取名一弦、一柱，因为他们的母亲早逝，母亲的名字叫华年，"一弦一柱思华年"。

归根结底，令人惊艳的不仅是名字本身，更是名字背后所承载的灵魂。

仰望苍穹，中国人赋予航天器的名字无不充满浪漫与深情。

载人飞船被命名为"神舟"，探月工程则称为"嫦娥"，月球车名为"玉兔"，"玉兔"在月球上行驶的轨迹被称为"广寒宫"，行星探测任务则冠以"天问"，火星车名为"祝融"，载人空间站则称为"天宫"，卫星导航系统被称作"北斗"，还有暗物质粒子探测卫星被命名为"悟空"……

中国人将对浩瀚星空和未知宇宙的无限向往，寄托在这些充满诗意的名字之中，展现了宇宙级别的中国式浪漫，体现了中国人特有的深情。

中华民族是一个情感深沉的民族，中国人对亲朋好友、对先辈、对逝者、对英雄、对家国，无不流露出这样的人情味。

再来谈谈讲述张桂梅老师故事的电视剧《山花烂漫时》，编创非常巧妙。片名出自毛泽东同志的诗词"待到山花烂漫时，她在丛中笑"。张桂梅老师正是这样的人！

中国有句俗语"行不更名，坐不改姓"，这并非意味着我们不能更改名字，而是强调在关键时刻要有责任感，不能因为遇到困难就改名逃避，声称那不是自己。做人应当勇于承担责任。

在一部电影中，有这样一句台词："要珍惜自己的名字：记住自己是谁，便知道自己要做什么，要走什么样的路。"

每一个名字,都不是空洞的符号,而是独特且生动的。它们是后人对先辈血脉的延续,是对中华文化的传承。愿我们的名字,在未来更加璀璨,更加响亮。

下一个十年

"少壮不努力,老大徒伤悲。"人生在世,如白驹过隙,几个十年而已。如今的我,恍惚之间,已经走过了两个十年。

第一个十年,懵懂无知。那时的我,像是一张白纸,对世界充满了无限的想象和期待。每一天都是新奇的,每一个问题都等待着我们去解答。

我跌跌撞撞地学习走路,学习说话,学习认识这个五彩斑斓的世界。那时的我,不知道什么是困难,什么是失败,只知道勇往直前,因为有父母的庇护和老师的引导。

第一个十年,是成长的起点,是梦想的种子播撒的季节。

第二个十年,青春血气。我开始尝试独立,开始挑战自我,开始为自己的梦想和理想而奋斗。这个阶段的我,充满了激情和活力,但也伴随着迷茫和焦虑。

我开始意识到,世界并非我想象中那样简单,困难和失败是成长路上不可避免的考验。

我开始学会承担责任,开始理解父母的辛劳,开始懂得感恩和回报。第二个十年,是自我发现的旅程,是梦想与现实碰撞的时期。

我发觉我的第二个十年相较于第一个十年,充满了更多曲折与挑战,却也精彩纷呈,令人难以忘怀。因此,我对即将完成的第三个十年满怀期待。

我曾多次设想,我的未来十年将会是怎样的景象。常言道,"三十而立",我将如何实现自我确立?又将在何处找到我的立足之地?

这一生,我应该选择怎样的生活方式?显然,至少在当下,我没有一个固定的标准答案。生活的可能性千差万别,变化无穷无尽。

我经历了许多"无可奈何花落去"的时刻,却鲜少体验到"似曾相识燕归来"的温馨。

忠于自我并不保证会有结果,坚持努力也不一定能够换来成功。然而,当某天回顾往昔,你的心中是充满壮阔还是懊悔,这将取决于你每一个现在的时刻是否持续自我磨砺、不断更新思考。

生命的价值不在于它的长度,而在于它的深度和广度。每个人都有自己的节奏和步伐,有的人早熟,有的人晚成。

关键在于,无论处于生命的哪个阶段,我们都要保持对生活的热爱和对未知的好奇心。只有这样,我们才能在有限的时间里,体验无限的可能,让自己的生命之花绽放出最独特的光彩。

愿我们在每一个清晨醒来,都能感受到新的希望和挑战。

愿我们都能勇敢地面对生活中的每一个选择,无论是顺境还是逆境，都能保持一颗平和而坚定的心。

愿我们的心灵，如同经过风雨洗礼的树木，更加坚韧和茁壮。

愿我们的人生，如同那不断流淌的江河，虽曲折却始终向前，最终汇入生命的海洋。

天上太阳正好，人间春色正浓

"空气真好啊！"摄制组的徐老师刚一下车就发出了这样的感慨。"五一"期间，我和三位老师驾车两百多公里，来到了我的老家——大桂花村，这个时节回村干什么呢？过了惊蛰节，春耕不停歇，我们准备在这里体验下春耕。

车子缓缓驶入家门口，父母便快步向车子走来，还没等我从车里出来，他们已经和我的几位朋友开始说说笑笑。

走进这间小院，我的身心总是会无比轻松，废品被整齐地摆放在两侧，一口大锅架设在院子里，发出咕嘟咕嘟的炖菜声。我一边往屋子里走，一边向早早来帮忙的邻家亲戚问好，切皮冻、炖豆角、撕肉块……忙得热火朝天。

进屋上炕先吃饭，大饼子、五花肉炖酸菜、血肠、辣椒炒肉、蘸酱菜、熘肥肠……东北家常饭，一直是我最爱的味道，也是最好的待客大餐。

在炕上坐了一会儿后，我们来到了菜园子。犁铧翻开沉睡一冬的泥土，种子播入蕴含希冀的田垄，新的年景，就这样从春耕开始了。

"那里有几块木头，咱们去坐会儿。"在郭老师的提议下，我和父亲并肩坐到了木头上。父亲的手指和我的手指很不一样，他的手记录着辛苦劳作的印记，封存着从手工到机械农业生产变化的记忆。

郭老师架起摄像机，准备记录下父亲春耕的画面。镜头前的父亲放下镐头，对我们说，以前农民种地很苦，汗珠子掉地上摔八瓣，起早贪黑抢农时，用的是"木犁耙""铁把式"，要靠人出苦大力，家里老人小孩都得下地。

现在比以前好太多了，用免耕机，坐在炕头上，就能把地种喽。"地这东西，从来不糊弄人，只要你上心，好好伺候，是会有好收成的。"

母亲煮好了玉米，挖了些小葱和蒲公英，给我们带在返程的路上。我们啃着玉米，对中午的农家菜赞不绝口。朋友们说："从你的父母身上能感受到一种特别纯粹的淳朴。"我笑着回应："正是因为他们的淳朴，才为我攒了这么大的福分。"

我沉浸在回家的喜悦中许久，这次离家，没有悲伤，心中多了几分释然，那里是极好极好的，父母喜欢待在那儿，我也喜欢。家就是一处圣地，可以净化游子的灵魂。

过了一山再登一峰，跨过一沟再越一壑。农业、农村、农民为什么一直让中国人如此惦念？如此眷恋？

那是因为中国革命的胜利，依靠在农村；政权的巩固，根基在农村；改革的序幕，发端在农村；民族的复兴，还要看农村！

那是因为：充满希望的田野，缕缕炊烟的农房，千家万户的农民，永远是游子的根，永远深入游子的心田。

春光已至，且把丰收的力量藏在大地深处，潜心耕耘吧，正如那句常被长辈念及的话所说："年轻人，你的职责是平整土地，而非焦虑时光，做好三四月的事情，在八九月自有答案。"

为什么没人住的房子先坏掉

家,总是亲人间闲聊时的热门话题。在乡村的故土上,众多无人居住的老屋因长期空置而迅速破败。

今年9月,我携摄像团队回到故乡,拍摄我生长的老家环境。母亲精心准备了一桌丰盛的家常佳肴。在享用美食的同时,纪录片导演郭老师与我的父母就这一现象展开了深入的交流。他们的对话充满了智慧。

无人居住的房屋更易损坏,而有人居住的住宅却能保持更长久的寿命,这是一个普遍存在的现象。那么,这背后的原因是什么呢?

大家首先想到的可能是房屋的日常保养。的确,这是非常关键的。

谈到保养,家人们提到了一种在传统社会中常见的生产生活方式:互助合作。例如,我们家的房屋每年都需要进行一次大规模的修缮,短时间内难以找到专业的施工队伍,单凭一家之力也难以完成。

这个时候，家族邻里的力量就显得尤为重要，它考验着一个家庭在这个村庄的人缘，因为，这个家庭要去寻找别的家庭来支持，而这种帮忙一直都是义务的，大家在一起我帮你，你帮我，然后坐到一起，共享饭食。

某种程度上来说，这可以理解为一种生活仪式，它的意义不仅在于对居住空间的营造，更是一种维系社会生活人情味的烟火气。

有人住的房子，会在室内生火取暖，这种烟火气会使得房屋保持干燥，避免发霉、虫蛀。

有人住的房子，会使得房子的温度和湿度维持在让人感到舒适的范围内，这种烟火气可以避免很多问题。

回家，在饭桌上，听家人们说说话，总是会让我耳目一新，让我这个在城里待久了的游子，找回那份质朴和初心。

家人闲坐，灯火可亲，他们的一些话令我格外受用。

"一个人，老说自己忙，没有时间陪另一半和孩子，这个人不太可能有大出息。"

"该干什么的时候就干什么。"

"越是饿的时候，吃饭越不要着急。"

"人活得就是事。"

"早点去吧，万一晚了呢。"

悟空的四字绝招

2024年，国产游戏《黑神话：悟空》引起了广泛关注。即便不常玩游戏的人，也可能在社交媒体上看到与之相关的话题，我从这些话题中，总结出一些悟空如何讲道理的要点。

面对九九八十一难，悟空不仅能够依靠武力闯关，还能用道理激励人心，悟空拥有"心、理、人、学"的四字绝招。

首先是赤诚心。在漫长的旅途中，当唐僧问何时才能到达灵山时，悟空告诉他：只要心怀赤诚，灵山就在脚下。

其次是平常心。当经书不慎落水湿透，晾晒时又被八戒弄破，唐僧感到非常心疼，悟空安慰他说：天地本不全，经文的残缺正符合这不全之理。

第三是必胜心。悟空敢于并且善于斗争。

毛泽东同志在《一个极其重要的政策》一文中提道："何以对付敌人的庞大机构呢？那就有孙行者对付铁扇公主为例。铁扇公主虽然是一个厉害的妖精，孙行者却化为一个小虫钻进铁扇公主的心脏里去把她战败了。"

悟空不仅懂得道理，而且善于表达。在他看来，无论天上地下，真理面前人人平等。

到达灵山后，如来座下的弟子阿傩、伽叶索要贿赂，悟空丝毫不纵容，直接表示如果你们不管，我就去找如来。

发现拿到的是无字经书后，唐僧哀叹"我东土人果真没福"，悟空则拉着大家去找如来理论：我们历尽千辛万苦来取经，仅仅因为没有行贿，就被用白纸本糊弄，这合乎道理吗？

悟空有一套自己的"说理指南"，他信手拈来常言俗语，为唐僧解忧："山高自有客行路，水深自有渡船人。"他明辨是非："反正坏人不除，就会祸害好人！"

尽管主要打交道的是神仙妖魔，悟空却从不轻视普通人。凤仙郡遭遇大旱，郡侯听说悟空能降雨，提出要送他黄金，悟空的回答是："若说千金为谢，半点甘雨全无。但论积功累德，老孙送你一场大雨。"

得知是因为自己当年踢倒了太上老君的丹炉，才导致火焰山的百姓饱受炎热之苦，悟空三次调用芭蕉扇，与牛魔王激战，主动承担起"救火队长"的角色。

在车迟国，国王受到妖精化成的道士的欺骗，对僧人严苛。悟空降妖之后，不忘告诫国王："今后，切不可胡作非为，轻信他人。希望你能将三教合一：既敬僧，也敬道，也培养人才。"

悟空勤奋好学。他相信念佛诵经不如自身本事，求仙问卜不如自己做主——这些观点，即使在今天，对我们也有很大的指导意义。

除了和菩提祖师学习，悟空还擅长从实践中向敌人学习。银角大王的宝葫芦让他吃了亏，他就智取宝葫芦，以其人之道还治其人之身。对于那些法宝，悟空不仅不畏惧，还不贪恋，他深知身外之物是可以被夺走的，通过学习得来的真本事才是更宝贵的东西。

心、理、人、学，悟空的四字绝招，你掌握了吗？愿你我都能保持勇气和热爱，在生活中成为自己的齐天大圣。

怎样表达才能"硬控"全场

冯友兰先生在《中国哲学简史》中提出："人必须先说很多话，然后保持静默。"这表明，优秀的表达不仅仅是技巧的展现，更是一种充满真诚的态度。

在当今时代，人们渴望见证更加生动的精神风貌。2024年巴黎奥运会为中国"00后"运动员们提供了展示自我的舞台，他们不仅擅长表达，而且往往能够影响现场所有人。

表达与语言密不可分，而实力则是最有力的语言。"00后"的有力表达背后，是强大的实力支撑，他们用实力来表达。

正如乒乓球选手孙颖莎所言："我们准备了很久，这一届我们打了翻身仗。"呈现他们以实力表达时从容不迫的态度。

面对记者提问，射击选手盛李豪的回答也充满智慧："巴黎奥运会和东京奥运会最大的不同是场地不同。"他们以实力打破表达的局限。

在10米跳台决赛中，全红婵首轮动作获得七个10分，震惊全场,成功卫冕。

当被问及最后一跳前的思考时,全红婵毫不犹豫地回答:"想动作要领啊。"实力在表达中占据核心地位。只有当实力足够强大时,表达才能达到极致,才能实现"你问你的,我答我的"式的掌控全场。

优秀的表达受益于活力,活力是极具吸引力的名片。"00后"的坦率表达,洋溢着青春的活力,他们直接表达自己的想法,反而赢得了人们的喜爱。平视世界,笑对输赢。

面对"Queen Wen"的称呼,郑钦文说:"在这之前我会谦虚一下,但在赢得奥运冠军后,我觉得Queen Wen这个词怎么说呢,实至名归吧。"

表达自我,享受过程。当举重选手李雯雯轻松为中国代表团赢得第四十块金牌时,她兴奋地大喊:"下班了,下班了。"

尽管十一岁的滑板选手郑好好未能进入决赛,但她笑着说:"我的朋友们都在电视上看我比赛,所以我感到非常开心和兴奋,一点也不紧张。对手们都很棒,她们也会激励我提高滑板技术。"她的表达自信满满,毫无做作。

潘展乐的表达方式被网友笑称为"古希腊掌管采访的神"。面对"二十岁的你,对未来的期待是什么"的问题,他的回答是:"我目光比较短浅,我只看到两天以后的事情,接下来的事情一切听组织安排。"既严肃又出人意料。

我们始终生活在各种关系之中,渴望得到认可是人之常情,但如果过分追求他人的认可,我们可能会迷失自我。

这个世界上最吸引人的特质是什么?是真实的自我,是坦率,是自由。

巴黎奥运会让我们领略了"00后"们的精神风貌。与以往在国际赛事中获奖后呈现的制式化发言相比,年轻一代运动员越来越坚定、自信、真实、多元。他们表达自我,回答问题时的随性,不正是年轻一代平视世界的表现吗?

留心处处皆学问

我上班的途中,总是会经过一条名为昂昂溪路的街道,接着沿着工农大路一路前行,最后走到人民广场。

昂昂溪,一个源自满语的名称,意为"众多大雁栖息之地"。那里山峦叠翠,平原上蓝绿交织,城乡间鸟语花香。

昂昂溪路和工农大路的名称,在长春并不特别引人注目。

继续前行,我还会经过人民大街、同志街、自由大路等。与"人民""同志""自由"等词汇相呼应的,还有解放大路、红旗街、建设街、民主大街、卫星路、新民大街等街道。

这些街道的名字,记录了新中国推进社会主义工业化、探索中国式现代化的历程,总能唤起人们对长春的传奇往事的回忆。

这些名字,承载着长春人民的红色记忆,展现了他们对祖国的真挚情感以及对美好生活的热切向往。

顾全大局,为整体利益着想。直到今天,我们仍然可以用这样的话来赞扬这片土地上的人们。"政治记忆"是春城人民的"首要记忆"，"政治寄托"是春城人民的"主要寄托"，但它们绝非这里的全部。

在同志街与自由大路的交会处附近，有一个名为冰淇淋胡同的地方。据说，这里原本是个雪糕厂，因此得名"冰淇淋胡同"。

除了追求趣味，长春的地名还承载了修身齐家治国平天下的理想追求。

例如，一匡街源自《论语》中"管仲相桓公，霸诸侯，一匡天下"的典故。

二酉街则源于湖南大酉、二酉两山，《太平御览》中提到小酉山上石穴藏书千卷。

平治街取自《荀子·性恶》中"凡是古今天下所谓的善，都是正理平治"的理念；清和街则出自《贾谊传》中"海内之气，清和咸里"的描述。

隆礼路的名字来源于《淮南子》中"礼不隆而有德有余"的教诲；和光路则取自《老子》中的"和其光，同其尘"。

永昌路的名字来自元稹的《人道短》诗中"尧舜有圣德，天不能遣，寿命永昌"的句子；青云路的名字取自唐王勃的《滕王阁序》中"穷且益坚，不坠青云之志"的豪言。

惠民路的名字则来自《尚书·泰誓》中的"惟天惠民，惟辟奉天"。

慈光路的名字取自《赞阿弥陀佛偈》中的"慈光遐被施案乐"。

……………

　　我最钟爱的是天成胡同，这个名字取自《庄子·寓言》中"自吾闻子之言，一年而野，二年而从……七年而天成"的故事。

　　学问铸成了大地的风景，留心处处皆学问，时光自当珍重，生活自当留心。

遇事要先找捷径吗

2017年，我和大学同学一起整理了习近平总书记关于毛泽东思想的论述，并将其呈送给学界一位德高望重的老先生。恰巧的是，先生也从书房中取出一份他刚完成的论文，与我们进行了深入的讨论。

我们和先生交流了有关理想、信念、知识和情感的话题。当和先生的手紧紧相握的那一刻，我深刻体会到了知识的温暖与力量。

先生告诉我们："学生们的实践经历有限，读书是获取知识的最佳途径。应当注重阅读经典著作、原著以及基础资料文献。"我向先生请教做学问的技巧，得到的是这样的答案："学习要一步一个脚印，不要试图寻找捷径。"

先生"不要找捷径"的告诫，我一直牢记在心，坎坷与捷径从来都是并存的。很多事情要想取得突破，必须依靠一点一滴的实干。

在第46届世界技能大赛的赛场上，中国选手张淑萍取得了印刷媒体技术项目的银牌，创造了出版印刷界的"调色神话"。

在学习印刷的过程中，最难的是调色。对颜色的感觉，没有捷径可走，只能依靠不断练习，不断总结。张淑萍每天都要找三四种颜色进行调配练习，再自行测量误差值。

3以内的误差，无法用肉眼分辨，只能用机器检测。而张淑萍如今用15~20分钟调出的一个颜色，误差值都能保证在3以内。也就是说，每一次调色，张淑萍都能做到新调颜色与原色肉眼观察无差别。

还有一位曾走红网络的香港搬运工。别被"搬运工"仨字骗了，不是憨厚大叔，而是一名清秀姑娘！她笑起来还有点腼腆，干起活来却风风火火、利利索索，大包小件拖起就走，和她娇小的身影形成强烈反差，大家纷纷称之为"最美搬运工"。

她说："有很多人不想工作，可以靠父母养，可是我做不出这样的事情，我都这么大了，应该养父母了。要生存、要靠自己，一定要坚持下去。太苦太累了，就回家睡觉洗个澡，第二天起来又好了。"

人们被她的生活态度所触动，赞美她"本可靠脸吃饭，却选择脚踏实地"。那面容朴素、身手矫捷的工作状态，能量超正，让人敬重。

值得去的地方都没有捷径。不要总是试图想着走捷径，因为那些捷径迟早会变成更大的弯路。

放弃"凡事先找捷径"的投机心理，多几分踏实肯干的定力，记住实干为要的道理，才能把幸福牢牢地攥在手中。

事情都是干出来的

"仰观宇宙之大,俯察品类之盛,所以游目骋怀,足以极视听之娱,信可乐也。"

2022年,正在国际空间站执行任务的一位意大利女航天员,在社交媒体上发布了一组太空摄影作品,并配上了《兰亭集序》中这句描绘宇宙景观的古文。

外交部发言人毛宁为意大利宇航员点赞,并表示:自古以来,了解和探索宇宙就是人类的梦想。随着科技进步,"上九天揽月"已经成为现实,探索与和平利用外空将促进全人类的共同福祉。

早在2005年,《科学发现报》就报道了中国发布探月"绕、落、回"三步走战略及时间表,提出2020年之前中国研制的机器人将把月壤样品采回地球。

同版之中,还一一梳理了日本、印度、俄罗斯及美国当年的探月计划。十七年过去了,当初各国订下的宏伟计划,只有中国做到了。

"中国的长期执行力为何这么强?"这得益于"一张蓝图绘到底"的强大能力,离不开党的集中统一领导。将宏伟蓝图化为现实,必须"集中力量办大事",涉及跨地区、跨部门、跨单位、跨领域的资源调配与协调。

尤其在大科学项目推进中,更需要这种汇集众力的项目管理能力。如著名的青蒿素项目成功,是由七个省市、六十多个单位的五百余名科研人员大协作促成。

中国的制度优势显而易见,但从制度优势转化为现实效能,归根结底还是要靠一个个具体的人。

"世界上的事情都是干出来的,不干,半点马克思主义也没有。"以航天事业为例,很多人都想象不到,第一批探索者是如何打开局面的,那时的天线不自动靠人拉,计算弹道用算盘。

放眼共和国前行之路,每一步的背后都藏着太多"埋头戈壁滩、啃着窝窝头"的奋斗故事。

"风雨多经人不老,关山初度路犹长。"成绩令人欣慰,而迈出的每一大步,又都只是伟大征程的一小步。在可以预见的未来,掌握核心技术、提高发展质量,种种愿景都呼唤着我们继续奋斗。

"中国人怎么就不行,外国人能搞的中国人不能搞?"钱学森曾经的奋斗宣言值得我们永远铭记,也是我们,在了解一件件大国重器后最应该学习的精神。

它是"热爱祖国、无私奉献,自力更生、艰苦奋斗,大力协同、勇于登攀"的"两弹一星"精神；是"特别能吃苦、特别能战斗、特别能攻关、特别能奉献"的载人航天精神；是探月精神、北斗精神、科学家精神。

大千宇宙，浩瀚长空，全纳入赤子心胸。

重心在己,立足就稳

我曾经不顾一切地踏上过遥远的旅程,勇敢地乘风破浪,努力地追求着自己的梦想。

然而,在我内心深处,那些深藏在梦境中的记忆,总是不断地呼唤着我,引领我走向另一个遥远的地方。

那是一个我一次又一次地离开,却又永远无法割舍的地方。

或许在每个人的心中,都有两个遥远的地方,一个是我们所向往的未知世界,另一个则是我们来时的故乡。

我的家乡位于吉林省四平市双辽市茂林镇大桂花村,那里有三百多户人家。我从小就比较内向,不太喜欢与陌生人接触。每当家里有客人来访,我总是会悄悄地躲到窗帘后面,不敢与他们面对面。

我的身体状况一直不是很好,几乎每隔一周,我的母亲就会用被子将我紧紧包裹起来,然后坐在毛驴车上,由我的父亲驾车,带我前往另一个村子,找那里的"老闫大夫"进行治疗,打针和挂点滴。他曾经说过:"你用过的点滴瓶子,我们家一毛驴车都装不下。"

现在小时候居住的屋子已经不复存在了，但那些美好的记忆永远留在我的心中。

回到家，打开门，首先映入眼帘的是外屋灶台上的一口大锅，再推开一扇门，便是一方长长的土炕，土炕上摆放着一个红色的柜子，那是父母结婚时置办的。

北窗口摆放着一台黑白电视机，是那种需要手动拧动频道的电视机，当时我们家能稳定收看的频道有三个——吉林卫视、双辽电视台、影视频道，偶尔能拧到中央电视台，全家人都会感到特别兴奋。这便是我们家当时的家庭状况。

为了让我能更好地看电视，我的父亲经常爬上屋顶，调整"小灵通"天线的方向。

到了上学的年龄，母亲将我送到了村子里的一户教师家中，那里就是我的幼儿园。我和一群孩子坐在教室的前面，而我的母亲和一些家长站在窗外，透过窗户看着我们。

我对学校的环境感到害怕，所以常常回头寻找母亲的身影，突然发现母亲不在身后时，我就开始哭，然后跑回家中寻找母亲。但母亲只会再次将我送回幼儿园。

村子的正中央是一个被土墙围起来的大院，大院的中间有一座瓦房，那里是我的小学——桂花小学。

我在小学学习拼音时遇到了很大的困难，总是分不清平舌音和卷舌音，"课课大考卷"上的题目我也常常不会做。

于是，我去询问父母，当时他们正坐在玉米堆里，一边扒着玉米一边对我说："我们俩没什么文化，你得学会靠自己。"

小小的我感到非常沮丧，坐在玉米堆里独自哭泣。

但从此以后，在学校上课时，我再也不会走神，总是全神贯注地听讲。我不可以"溜号"，"溜号"了的话，没有人能帮我。

有一次，学校的老师教我们唱陶行知先生的那首著名的《自立歌》："滴自己的汗，吃自己的饭，自己的事自己干。靠人靠天靠祖上，不算是好汉。"

从那时起，我就懂得了把改善生活状态的希望寄托在自身的道理。重心在己，不等不靠，立足就稳。我们常说一句话叫"内生动力"，自己不加油，等着别人来帮助解决人生困难，难以长久。要靠自己去改变命运。

从自己的条件出发，靠努力一点点铲除路障，每克服一个障碍，就会获得一个继续向前的新起点，路走得也会越来越稳，越来越宽。

真希望可以坚持下去

最近,我收到了一位我教过的学生的来信,他这样写道:

我出生在东北的一个小县城,高二的时候,我上了一节让我非常难忘的思政课。我仍旧记着那张明晃晃的背景图,上面书写着几个大字"少年侠气,交结五都雄"。老师在公开课接近尾声时,将这句词送给我们,希望我们也有这般少年侠气。

老师询问我们心目中的人杰时,我举手说我喜欢阮籍、嵇康等魏晋名士的风骨,并问刘老师喜欢谁。老师说他喜欢的人很多,他喜欢范仲淹,喜欢文天祥,喜欢"先天下之忧而忧,后天下之乐而乐"的气度。

我很震撼,我看到了他眼里带光!他的信念有着打动人心的力量,给我带来了一种价值观念的深刻影响。那节课,他并没有说什么假大空的语录,也没有给我们讲什么天大的道理,他只是用他自己的经历,风趣幽默地将思政课的内核娓娓道来,既有让我们感动的瞬间,又有让我们捧腹大笑的时刻,这是思政课中很宝贵很难得的。

认识刘老师,并且能听到老师的思政课,对我的影响是巨大,特别是那种价值观念上的影响,重燃了我学习奋斗的热情。

一年后,我幸运地被浙江大学录取。我真心地希望刘老师可以将这样的思政课继续下去,为我们县乡的孩子们点亮更多求学路上的光。

收到他的信,我非常开心。我始终认为,最大的幸运来自时代,最美的幸福要靠自己去争取,最精彩的人生一定是时代际遇和自我奋斗的交相辉映,是一场青春和时代的相会。

我常想,历史上的那些贤者能士,为主报恩,为国尽忠,今人是如何评价他们的?敬佩和仰望是不失公允的吧。"读圣贤书,所为何事?而今而后,庶几无愧。"我以他们为榜样。

我希望自己做一个理想主义者、浪漫主义者,但不是真空的理想主义和浪漫主义,而是具有强烈现实关怀的理想主义、浪漫主义。

我知道在眼前的生活工作之外,还有父母,还有天地,还有人生,还有土地,还有种子,还有贫困的孩子,还有县乡的希望,还有真诚的人心,还有世俗之内的干净。功利之外的追求,我们必须去感受，去支撑，去热爱，去共鸣。

有这样的热忱，有对现实主义的关切，我看见了更多，也耐心了许多，渐渐感悟什么是真正的朴素、真正的澄澈、真正的生活。

我虽然无力触及，却依然向往，就像我很喜欢读的《相约星期二》里的那位老师——永远不失去热忱。

我想把我很喜欢的《相信未来》中那几句诗送给大家：

> 不管人们对于我们腐烂的皮肉，
> 那些迷途的惆怅、失败的苦痛，
> 是寄予感动的热泪、深切的同情，
> 还是给以轻蔑的微笑、辛辣的嘲讽，
> 我坚信人们对于我们的脊骨，
> 那无数次的探索、迷途、失败和成功，
> 一定会给予热情、客观、公正的评定。

你已在最优路线上

地图导航里有一句话让我印象很深：虽然前方道路拥堵，但您仍在最优路线上。

以前觉得选择比努力重要，后来渐渐发现，选择本身就是一种需要大量练习来努力修炼的技能。

现在的我，偏爱选择一个热闹的场所，例如食堂，然后坐在那里阅读那些难以理解的书籍。我努力吸收知识，只因这些书籍蕴含着与日常生活紧密相关的深刻人生体验。

在这样的环境中，我能感受到生活的节奏，观察到形形色色的人们，他们的喜怒哀乐，他们的言行举止。这些细节常常激发我对人性和社会的思考，反思自己的行为和思想。

我试图从这些看似平凡的场景中，提炼出生活的真谛，理解人际关系，以及个人在世界中的定位。

除了阅读，我也喜欢在这样的场所与人交流。与来自不同背景的人对话，可以拓展我的视野，让我接触到更多元化的观点和生活方式。这种交流不仅丰富了我的思想，也教会了我倾听和尊重。

每个人都有自己的故事，这些故事汇聚起来，便构成了我们社会的多彩画卷。

我还会在这样的场合注意到一些细微的善行，比如有人主动帮助他人，有人在角落里默默地进行志愿服务。

这些行为虽小，却在无声中传递着温暖和力量。它提醒我，无论环境如何，我们都可以通过自己的行动，为这个世界带来积极的影响。

我学会了如何在喧闹的人群中，在纷扰中寻找内心的宁静。尽管周围人声鼎沸，我却能在自己的小世界里找到一片宁静之地。

这种能力让我在任何环境下都能保持专注和冷静，无论是学习还是思考问题。

我意识到，每个人都是自己生活的主角，而我，也在这个大舞台上扮演着自己的角色。

我开始更加珍惜自己的时间，更加努力地去追求自己的梦想和目标。

在这样的地方，我也学会了如何更好地与人相处。我学会了在交流中寻找共同点，学会了在差异中寻找和谐。

我开始理解，每个人都有自己的价值和意义。

更重要的是，我在这里找到了一种力量，一种即使在最繁忙的环境中也能保持自我、坚持自己信念的力量。

这种力量让我相信,无论外界如何喧嚣,只要内心保持平静,我们就能找到属于自己的道路,实现自己的价值。

当今时代,各种声音纷至沓来,信息的过载常常让人感到茫然,希望少年的你可以懂得:世界上没有绝对的最优选项,只有最适合自己的道路,勇敢地向前走吧!

对婚姻负责

山东青岛一对"90后"夫妻，刚生完孩子就因家庭琐事欲离婚，没想到法院判决——不准离，且给出了一份以法服人、以情动人的判决书：

本案中，原告孙某某与被告王某某虽然结婚时间不足一年，但结婚前经过了长时间的恋爱，双方互相了解，婚前感情基础较好。日常生活中虽有矛盾发生，亦属夫妻相处中的正常现象，未达到夫妻感情破裂的程度。

常言道，"生儿育女，人生喜事"。原、被告自由恋爱后登记结婚，女儿王小某系二人爱情的结晶，双方理应倍加珍爱，共同将女儿抚养长大。原、被告现在正处于婚姻的磨合期，在从个人向父母转化的过程中，必然会遇到很多问题，双方应正确面对这些问题，互相体谅、互相帮助，共同将自己融合新的家庭生活。

若遇到一些问题、发生几次争吵就轻易离婚，是对自己的不负责任，更是对孩子的不负责任。本院不愿看到一对恩爱的年轻的夫妻劳燕分飞，更不忍看到一个嗷嗷待哺的幼儿失去父母。

婚姻既是个人的议题，也是社会的议题，它要求我们对伴侣和整个社会承担责任。

回顾新中国成立以来的婚姻历程，多少人用一生的经历去追求和捍卫那些如今我们通过法律来维护的婚姻原则，包括一夫一妻制、婚姻自由以及性别平等。

杰出的新四军将领彭雪枫与妻子林颖，结婚仅三天便各自返回了战斗岗位。彭雪枫赠予妻子的结婚礼物是胜利："两个胜利，恰好都在我们的'蜜月'期间，这是我们结婚后的首次胜利，也是我们婚姻最美好的纪念。"1944年9月11日，彭雪枫在战斗中英勇牺牲。

为了保护林颖，组织隐瞒了这一消息。直到次年1月，他们的孩子小枫即将满月时，林颖才得知真相。她珍藏了彭雪枫生前写给她的八十七封信件，一生都在怀念他。

周恩来和邓颖超在1919年的五四运动中相识，并共同加入了觉悟社，他们在那里倡导男女平等，发出了"同上断头台"的壮烈誓言。

他们还有过这样的深情表达："我一生都是坚定的唯物主义者，

唯有对你，我希望有来生。"他们提倡夫妻之间应遵循"八互原则"：互爱、互敬、互勉、互慰、互让、互谅、互助、互学。

正是基于这些原则，他们做到了对彼此忠诚不渝，共同为国家和人民奉献了一生的努力。

从法律的角度来看，婚姻是法律确认的男女双方的结合及其产生的夫妻关系。

民法典婚姻家庭编的相关规定，对于有道德、有责任感的人来说，不是负担，而是一种保护；不是惩罚，而是一种肯定。

婚姻幸福和家庭美满是社会稳定的基石，是社会主义核心价值观的重要体现。爱国始于爱家，而爱家始于爱"他"。

愿我们在未来的旅程中都能成为有道德、有责任感、爱国的人。在婚前婚后释放出更多的爱，照亮自己的小家，也温暖社会的大家！

礼让是一种教养

清朝时，居住在安徽桐城的张家与邻近的吴家之间发生了一场关于地皮的争执。

张家在朝廷中担任重要职务的张英收到了家人关于此事的求助信。张英在回信中附上了一首诗，诗中写道："一纸书来只为墙，让他三尺又何妨。长城万里今犹在，不见当年秦始皇。"

张家人收到这首诗后，豁然开朗，决定主动退让三尺土地。吴家人被张家的举动深深感动，也退让了三尺，最终两家各退三尺，这条巷子便形成了著名的"六尺巷"。

这个故事不仅解决了两家的纠纷，还成为后人传颂的佳话。桐城由此留下了这条"六尺巷"的美名，传递出团结、和谐与安居乐业的积极信息。

在传统文化中，仁义礼智信、温良恭俭让等美德总是占据着举足轻重的地位。中国历史上关于"让"的故事数不胜数，如战国时期的蔺相如对廉颇的礼让，成就了将相之间的和谐与国家的安定；

共产党员许光达在新中国成立初期主动让出大将军衔，展现了顾全大局的高尚品质。

礼让不仅是一种智慧和美德，更应该成为我们日常生活中的习惯和教养。如果生活中缺少了礼让，正如恩格斯所言，即使是在两个人的社会中，也难以维持长久的和谐。

在日常生活中和处理人际关系时，我们都希望给别人留下良好的印象。真正的教养，往往就体现在细节之处。

所谓"让人有好感"的细节，并不是刻意为之的形象塑造，而是我们内心深处对他人礼让和考虑的自然流露。这种美德是我们在任何时间、任何地点都能坚持并实践的。

需要特别强调的是，"礼让"与"不让"都是我们对待他人的方式和策略，在不同的情境下，则各有其适用之处。

我们应该根据实际情况灵活运用，使两者相辅相成，这样才能使交往的道路更加宽广和长远。正如中国古话所说，"当仁不让"，在大义面前，我们应当勇于承担责任，展现出一种敢于担当的精神。

社会上，礼让不仅是一种美德，更是一种智慧。它能够帮助我们在复杂的人际关系中找到和谐的相处之道。

当我们学会在适当的时候退让一步，不仅能够避免不必要的冲突，还能赢得他人的尊重和信任。

正如在公共场合中，我们常常需要排队等候，耐心等待是对他人的尊重，也是对自己的约束。

在拥挤的地铁上，给需要帮助的人让座，体现的是我们的同理心和关怀。

礼让并不意味着软弱或妥协，而是一种对他人感受的深刻理解和尊重。它提示我们善于考虑他人的需要和感受，然后做出最合适的决定。

通过这样的行为，人们才有可能够营造一个更加和谐的社会环境，促进个人的全面发展。

从身边的小事做起，用礼让之心去温暖他人，用礼让之举去美化我们的社会。让礼让成为我们生活中不可或缺的一部分，让这份植根于心的教养，成为自己的财富。

多看看父亲母亲的生活

当我们遇见了温暖人心的感动，一定要珍惜、珍重。那是人生中最可宝贵的精华，能够支撑我们穿越心灵的迷雾，洞见前途的光明。

在湖北襄阳市襄城区唐家巷社区居民王宗源父母的家中，392张火车票，浸润着满满的思念，从红色软纸票到蓝色磁芯票，从普快绿皮车到洁白和谐号，16年间，为了见孩子一面，夫妻二人奔波了500多次。

"族谱从她这一页开始写。" 11岁的滑板运动员郑好好轻盈的野心，正中我的眉心。

巴黎奥运会拳击女子75公斤级金牌获得者李倩，在机场眼含热泪地说："我相信大家也都看到了，家里经营这个蔬菜批发，因为这是一个很辛苦的生意，我想让我的父母通过女儿的成功，可以为他们减轻一些生活的负担。"

我曾经认真思考过这个问题，到底是什么使得中国人世代延续，使得我们的文化绵延不绝。我认为其中家庭的力量不可忽视，亲情在很大程度上，可以对冲生活的风险。

我们的生活是立体的，我们应当记得自己的家族、自己的亲友、自己的父母。当奥运冠军的孩子把胜利的花环送给父母，他们开心得像个孩子一样。

你养我长大，我带你去看这更好的世界。和至亲至爱的家人，分享成功的喜悦，给他们以活得轻松的希望，活得舒服的愿景，是多么幸福的事情。

我们是站在父母的肩膀上去闯荡世界的，要想长大成人，首先要懂得：生活很难，赚钱不易。避免被网络世界那种不真实的生活所遮蔽，一些网络社交媒体上总有人刻意营造"人均985""人均百万年薪"，似乎人人都见多识广，走遍世界。

我们必须有清醒的认识：我国人口众多、幅员辽阔，发展不平衡不充分问题仍然存在；在真实的世界里，仍然有许多人没有坐过高铁，没有坐过飞机，没有出过国，不知道为什么要喝咖啡。能认识到这一层，就能克服我们身上眼高手低的毛病，就能克服那种"想做人上人"的错误意识。

当意识到自己只是"普通人"时，就能对平凡的劳动者抱之以同情，实现同呼吸、共命运了。

一些人往往生活在唾手可得的环境之中，年龄还小，无法体会到中年危机经济压力。那么，不妨多看看父母亲和身边大多数人的生活，你会意识到，生活不是只有多姿多彩的浪漫主义，那只是它很窄的一面，更宽的一面，是一粥一饭的现实主义。

健康是1,其他是后面的0

青春,青年,应该如何定义?

我国发布的《中长期青年发展规划(2016—2025年)》将青年人口界定在14岁到35岁。2035年前后,现在同学们当中的大多数人已经在一线发光发热了,有些可能会步入婚姻生活,组建自己的家庭,那时候,中国已经基本实现社会主义现代化。

那时,我们会亲眼见证富强、民主、文明、和谐、美丽的社会主义现代化强国。我们当中的大多数人,一定会成为各行各业的翘楚和顶梁柱。

诗人塞缪尔曾经这样描绘青春:"青春不是年华,而是心境;青春不是桃面、丹唇、柔膝,而是深沉的意志,恢宏的想象,炙热的情感;青春是生命的深泉在涌流。青春气贯长虹,勇锐盖过怯弱,进取压倒苟安。"

有理想,敢担当,能吃苦,肯奋斗,这是青年美好的样子。

小学和初中,大家学习道德与法治,高中学习思想政治,大学阶段学习思想政治理论课。这些课程有一个共同的字，就是"治"。我想做个比喻，这门课就像治病的"良药"。我所讲的治病包括"治未病"，是还没发生的病。

要想锻造出健康的灵魂，应以意志和行动加以主动配合，要让自己充实起来。

汉代辞赋家枚乘写过一篇《七发》。赋中假设楚太子有病，吴客前去探望，吴客认为，太子的病根源于贪欲过度、享乐无时，整天无所事事，其结果必然"药石无效"。

要想治愈疾病，须改变惯常的生活方式，有所追求，做些正事，以丰富的学识、高尚的文化和道德修养，抵制腐朽愚昧的享乐生活。

一席谈心，让楚太子幡然醒悟，渐渐从"然阳气见于眉宇之间，侵淫而上，几满大宅"至"然而有起色矣"，最后竟然出了一身大汗，以至"霍然病已"。

俗话说"人闲百日病生"。动物学家就曾做过这样一个试验：把野龟、老虎自幼关进动物园，定时喂食，改善它们的生存条件。结果却发现，动物的寿命都大大缩短。

日本学者经实验研究得出结论：经常动手动脑的人，在60岁时仍能保持中年时期的活力和机敏。而那些饱食终日、无所用心者的状态则恰恰相反。

1979年，哈佛大学心理学家兰格让一批70—80岁的男性进入模拟1959年陈设的环境中生活，不断暗示他们生活在1959年，并引导他们回到年轻20岁时的工作状态。

一周后，研究人员发现，这些老人在双手灵活度、行动速度、记忆力、血压、视力、听力方面都有进步，甚至有好几位老人走路都不用拐杖了。

可见，要想保持健康，躺平不可取，躺赢不现实，唯有奋斗才能种下健康树。只有远离"淹沉之乐，浩唐之心，遁佚之志"，在有限的生命中，准确定位人生坐标，最大限度地发挥自己的潜能和创造力，才能拓展生命、振奋精神。

星光不负赶路人，学会专注当下，留意身体健康，请在最好的年纪，尽最大的努力。

世界再大，也大不过妈妈的爱

我曾目睹过两位年轻的母亲，背着孩子，匆匆赶往喧闹的集市。她们的奔波，不仅为日常的采购，更是对孩子们能走出大山，见识外面广阔的世界的期望。

其中一位母亲，在繁忙的工作之余，还肩负着照顾一对双胞胎女儿的重担。她背负着两个孩子，走过了一段又一段艰难的路程。

在女儿们的心中，妈妈的辛勤劳作不仅是她们的依靠，更是她们感受到的最深沉的母爱。

我曾听到过"没关系，爬起来"的鼓励。这是孩子骑自行车摔倒后母亲说的第一句话。面对孩子的泪水，母亲没有选择一味安慰和迁就，而是耐心地引导和鼓励，给予孩子战胜困难的勇气和信心。

公园里，一位年轻母亲抱着孩子，一起认识新事物，小宝宝"有板有眼"地跟着母亲一起学习。

从呱呱坠地到长大成年，我们每个人都是这样在一桩桩、一件件小事中，被母亲悉心地哺育着。

我曾亲历过女儿出嫁时母亲心情最为复杂的时候。即使内心深处充满了不舍，她依然面带微笑，轻抚女儿的每一根发丝，边梳边嘱咐，希望女儿未来的生活更加幸福，嘱咐女儿在未来的日子里，夫妻恩爱、风雨同舟。

母亲节，畲族村的女孩们会制作传统的艾草粿，她们希望通过这种传统的方式，为母亲送上最真挚的祝福，愿她们身体健康，好运连连。

十月怀胎，母亲的恩情沉重如山，而子女们一生的报答也显得微不足道。爱，本无声，却能让人们感受到快乐，因为母亲总是乐于看到孩子快乐。

女性本性温柔，成为母亲后，她们则变得坚强无比。她们用温暖的怀抱，为孩子提供了幸福成长的环境。她们的"唠叨"中充满了浓浓的爱意，她们的高尚德行，为子女树立了良好的榜样。

母亲，拥有一颗纯真的赤子之心，她们莫大的幸福，就是看到自己的孩子健康快乐地成长。

母亲与孩子席地而坐，玩起声律启蒙的游戏。一拍手一微笑的背后，不仅是对孩子的陪伴，更是无形的启蒙。

从幼年时的轻声呼唤，到少年时的唠叨叮嘱，再到离家时的深情嘱托，母亲的教诲和守护伴随着我们每个人的整个成长过程。

"做人就像织布一样——织布要一针一线地织，做人要脚踏实地地走……"我还听到,在织布机的札札声中,阿昌族母亲教导着孩子生命的道理。

曾经有位作家曾这样赞美母亲:"我生平所见过的女子,我的母亲是最美的一个。"愿世间的美好,与妈妈环环相扣。

重阳节温馨提示,请查收

"奶奶去超市买东西,咋用微信结账?"

"不去银行,爷爷怎么查看退休金发了没?"

"怎样抢高铁车票?"

重阳节前,我给学生们留了一个作业:回家问问爷爷奶奶,在生活上有什么不便。这一问不要紧,问题一个接一个,而其中很大一部分问题,都与网络有关。

爷爷奶奶这一代人大部分出生在20世纪五六十年代。那个时代,没有手机,没有网络。当网络时代的浪潮冲击而来时,他们变得手足无措。

而我们一出生,就是网络"原住民",我们觉得很简单,手指一动就能完成的事,对于他们来说,就像让新生儿跑步一样困难。

我对学生们说,重阳节快到了,我们来给爷爷奶奶准备一份特别的礼物吧——"重阳节温馨提示",请你在纸上清晰地画出手机操作的步骤,帮自己的爷爷奶奶解决一个生活中的小烦恼,让他们出门不愁。

这个主意似乎颇受欢迎。还没等我说完,学生们就迫不及待找出纸笔,动手操作起来了。

党的二十届三中全会审议通过的《中共中央关于进一步全面深化改革、推进中国式现代化的决定》中提到,要构建中华传统美德传承体系。

尊老敬老是中华民族的传统美德,爱老助老是全社会共同的责任。我们的社会正步入老龄化。

网络时代、智慧生活、人工智能,这一切对于老人们来说,简直太陌生了。

据统计,截至2023年底,全国60周岁及以上老年人口占总人口的21.1%。

专家预测,到21世纪中叶全国60周岁以上老年人口将达到约5亿。让所有老年人都能有一个幸福美满的晚年,是家事,也是国事。为此,我们国家已经先后出台了多项措施。

正值青春的同学们,不应对老人有偏见,应当看到老年人的社会价值。

正是一代代付出青春奋斗终身的老人们,为了我们今天的幸福生活洒下汗水,为社会进步和国家强盛做出贡献。袁隆平耄耋之年依然研究杂交水稻;钟南山年逾八旬还奋战在抗疫一线;屠呦呦85岁时获得诺贝尔奖……

我们身边的老人也很了不起！爷爷奶奶、外公外婆，年轻时，敬业奉献，把子女培养成对社会有用的人才；退休后，还无微不至地照顾孙辈。没有一个年轻人的健康成长能离开老一辈的悉心呵护。

"老吾老以及人之老"。尊老敬老，是我们的美德；爱老助老，是我们的担当。行动起来吧，少年！为已经老去的祖辈、正在老去的父辈，和将会老去的自己。

阅读反馈

青春如朝露、如晨曦，有什么事是你现在就想定下目标，准备在将来实现的？不妨写下来，落实到具体的计划中去。

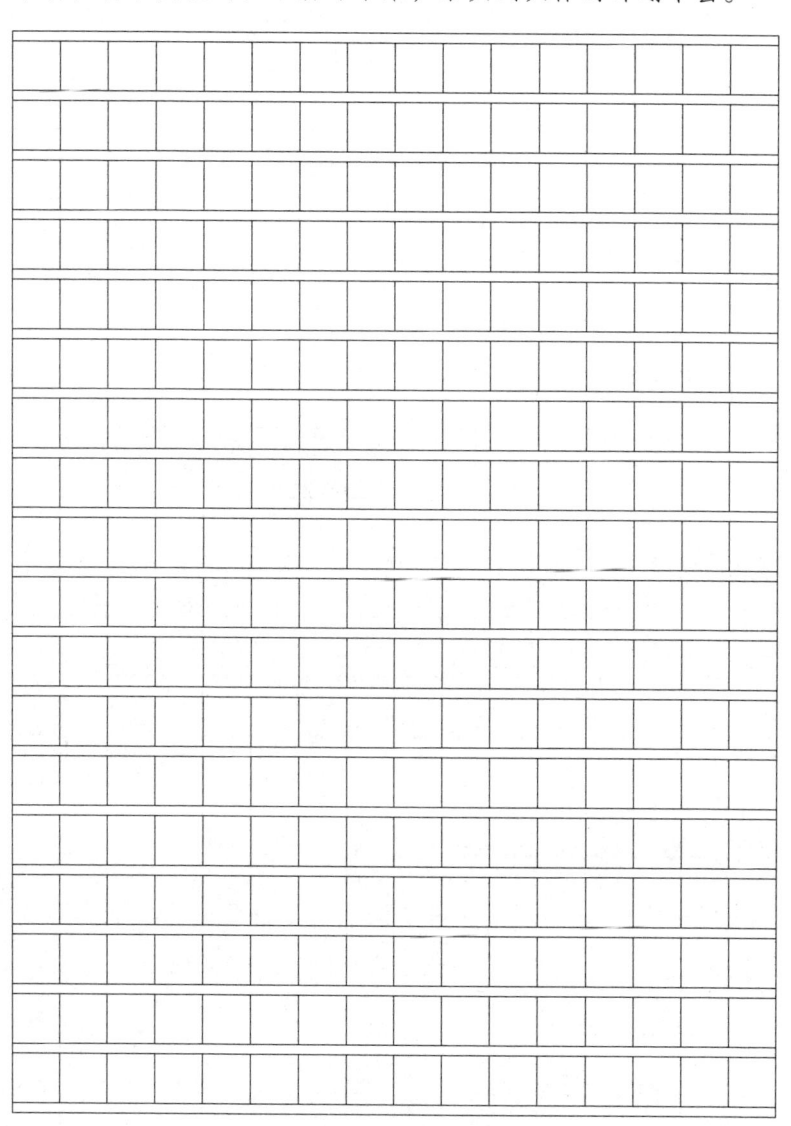

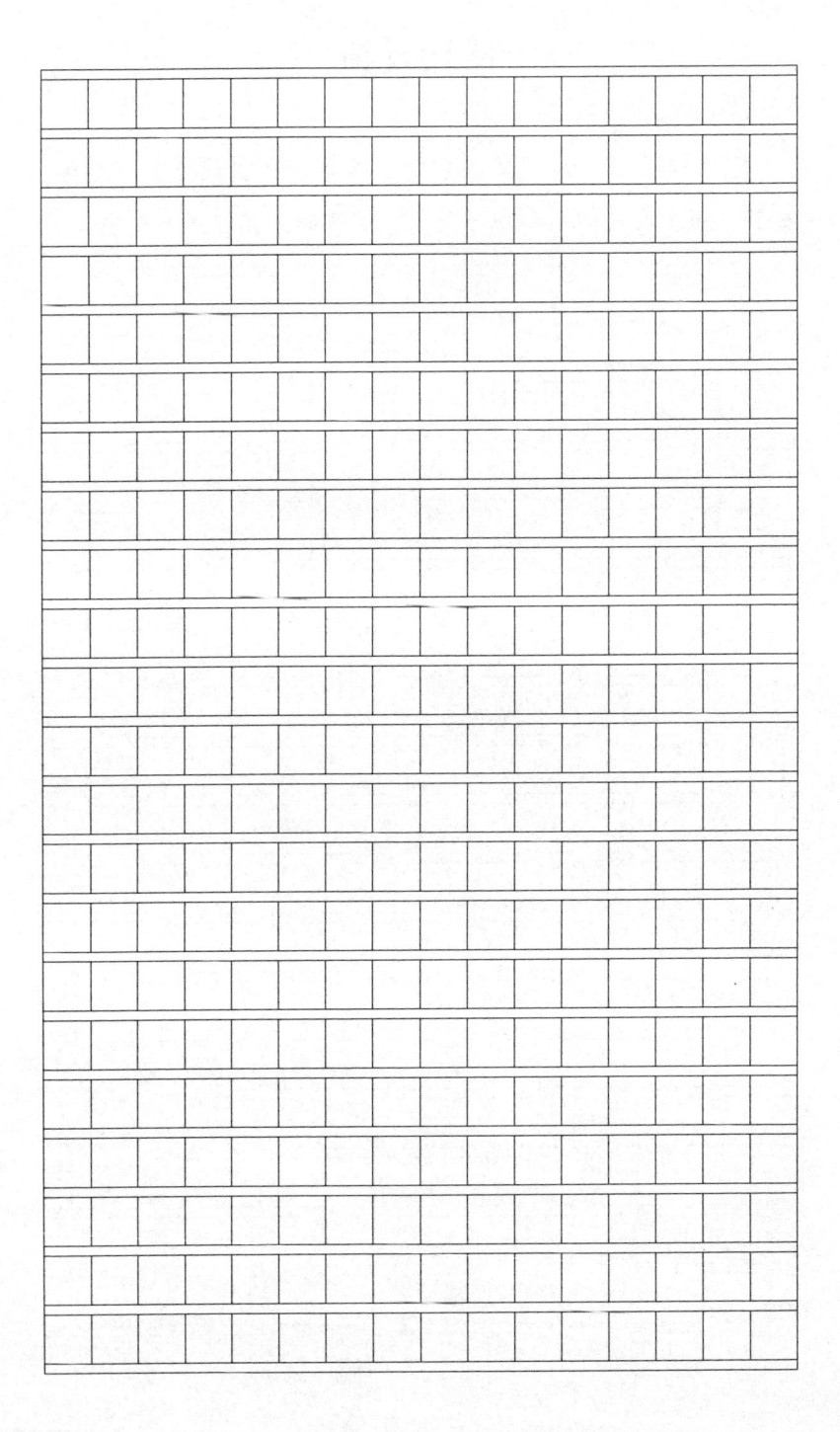